展讀文化出版集團
www.flywings.com.tw

展讀文化出版集團
www.flywings.com.tw

找樂子 1
薇歐拉大戲院
WELCOME
薇小拉/著
薇小拉・波波爸/攝影
http://www.wretch.cc/blog/viola0907
展讀文化

寵物不是玩具，是生命！寵物的生命很長，一般來說10幾年是很正常的！

他會呼吸 他會喝水 他會講話 當然，他也會大小便！
他會高興 他會沮喪 他會黯然 當然，他也會很窩心！

對我和老公（波波爸）來說，生命中的紀念日當然也包括帶咪寶、乖乖妮和波波回家的那一天！

咪寶紀念日是9月21日
乖乖妮紀念日是1月23日
波波紀念日是12月20日
（呦呼～等我哪天當總統，這三天通通放假好了　噗）

其實我和波波爸都只是平凡的貓媽與狗爸，在每天和咪寶、乖乖妮和波波相處的生活中，總是會發生許多爆笑、感人，甚至Orz的情節，也就是因為這個緣故，平凡的生活中總是累積著許多真實的快樂！所以我開始在部落格上經營著了以他們為男女主角的「薇歐拉大戲院」，也沒想到由此開啓了我一天不寫手會很癢的網路寫作生活！甚至今天能夠有這個機會，為三個寶貝出了這本可以娛樂大眾普渡眾生的快樂寶典！

你今天想解悶嗎？歡迎來到我的「薇歐拉大戲院」，買好爆米花跟可樂以後請隨意的選個位置坐下，在這裡可以用最輕鬆的心情、最舒服的姿勢來看戲，好，我廢話不多說，請大家慢慢看戲吧～～～（燈光慢慢暗下）

薇小拉

http://www.wretch.cc/blog/senira

貓言貓語的貓日子 部落長

部落格眞的是很神奇！

可以把原本互不相識的人通通牽在一起，和薇小拉也是透過無名的部落格認識，一票貓媽整天就是東家晃完西家逛！

漸漸的越來越熱絡，一起辦貓聚（其實是三姑六婆媽媽聚）、一起辦著各式聯播；甚至爲彼此的貓兒女互訂終身！

不知何時開始養成了每天一定要到薇歐拉大戲院看戲的習慣，除了探望喜怒哀樂都靠『ㄠ丶嗚』表示的女婿咪寶、男人殺手的長毛貓女乖乖妮以及憨厚古意的勇敢海陸健兒波波之外；最重要的就是看看薇大導演每天推陳出新讓人拍案叫絕的搞笑功力！

疲倦的時候看了可以讓您補充精力！

鬱悶的時候看了可以讓您一掃陰霾！

有薇歐拉大戲院，讓人每天都保持超愉悅的心情！

想要養生嗎？

日本一名科學家最近證實這項研究，表示大笑對於人體有益，藉由大笑的刺激，能夠強化人體內至少23個基因，增強免疫力，還能治癒病痛。

看薇歐拉大戲院可以達到會心一笑、捧腹狂笑、笑到噴飯．．．等等各等級的笑；讓您隨時隨地噗嗤的笑出來，達到延年益壽常保健康的養生功效！

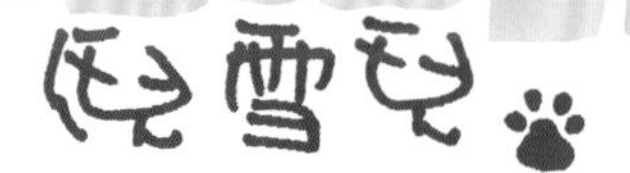

台欣動物醫院院長

牠們豐富加值了人們的生活，也拉近了彼此間的距離。

那天咪咪媽打電話來，她說她要出書了，希望我幫她的書寫一篇序，老實說我有點猶豫，主要是因爲我的文筆實在不太好，再加上平常臨床獸醫的工作非常忙碌，很怕耽誤到人家，但我還是答應她了，爲什麼呢？

我的工作環境中，每天都會接觸各式各樣的寵物和主人，每一次的相遇都會在我心中留下悸動。聽著主人述說他們間的小故事，我的心情也隨之起伏…而我發現在薇歐拉的戲院中藉由波爸相機和咪媽文字的紀錄下，有了一個與大家一起分享當狗爸貓媽們酸甜苦辣的機會，讓我在繁忙的工作下，還能發出會心一笑，牠們絕對是最佳男女主角，同時也是最可愛的小天使。

我所認識的波爸和咪媽是相當疼愛動物的一對夫妻，還沒收養乖乖妮之前，咪咪可是怎麼樣都不肯讓他們同房共枕（牠會一直海喵，直到咪媽出來爲止！），許多個夜晚咪媽都只能獨自陪咪咪睡在沙發上（咪咪你可眞幸運，沒被波爸丟了～哈哈！），也因此才有上天送的禮物（可人兒一乖乖妮）的出現。很多人養寵物時，常常都是一時興起，不過買狗（貓）容易，能不離不棄地好好照顧更難，所以養寵物之前，一定要把未來十年內的事儘可能地考慮清楚後，再決定自己適不適合，最好以認養代替購買，不要在年齡或性別上設限，抱持隨緣的心態去期待屬於你的Mr. Right。

邱銘助

目錄

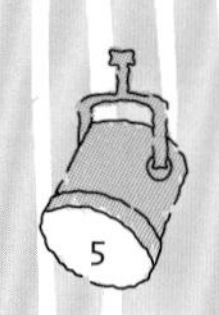

工作人員

媽媽兼導演
薇歐拉

爸爸兼總裁
波波爸

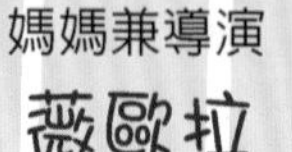

本名：林波波
英文名字：BoBo
性別：男
藝名：波樣、小波仔、乖波
生日：2003.09.20
來到大戲院報戶口日期：2003.12.20
個性：獨立、乖巧
興趣：向前爆衝
配偶：未婚
結拜兄弟姊妹：目前還沒找到

本名：吳咪咪
英文名字：Amigo
性別：男
藝名：咪寶、乖咪、阿咪狗、心肝咪
生日：1996.07.21
來到大戲院報戶口日期：1996.09.21
個性：大牌，只認媽媽、白目
興趣：開飛機、騎機車
配偶：倪兔兔
結拜兄弟姊妹：黯然兄弟-Beeru

本名：乖乖妮（迄今還在爭奪從父姓還是從母姓！）
英文名字：Valeni
性別：女
藝名：乖 v 乖妮（請注意發音！）
生日：1999.01.23
來到大戲院報戶口日期：2005.01.21
個性：奶人、撒嬌、會看人臉色
興趣：趴在爸爸媽媽身上賴著不走
配偶：胡毛毛
結拜兄弟姊妹：黃金姊妹花-咪嚕，金吉拉姊妹-大小姐、程球球

男主角
波波

男主角
咪咪

女主角
乖乖妮

導演薇歐拉製片室

就是這樣遇見你

從小我就很喜歡各種有毛的動物，所以我的爸媽總是被我吵著要養貓阿、狗阿、兔子阿，只是爸媽總是擔心我對寵物是一頭熱，所以我一次也沒成功過　＝＝＋

一直到了我大學四年級要開學的前一天，到現在我永遠也忘不了那一天～1996年9月21日星期六，那天下午我剛好回到學校參加溜冰社的社團活動

就在和同學在校園內溜直排輪的時候，經過了學校修腳踏車的地方，卻突然瞥到了一隻小貓在喵喵叫！由於我想養貓想了20年，所以只要路上聽見有貓叫，總是會忍不住蹲下來找找看，這一次在修腳踏車阿伯這邊又被我聽到了小貓叫，問了問修腳踏車阿伯才知道，原來這隻小貓是他養的三花貓所生的，而且大概才兩個月，那一胎只有生這一隻！

咪咪的三花媽

阿伯一直在旁邊慫恿我，想養要趕快抱回家，不然再大了可能就不親人囉。。。當時也不知道是哪裡來的熊心豹子膽，也不管抱回家一定會被媽媽唸到臭頭，我就這樣到合作社拿了一個紙箱把這隻小貓給拎回家了！

一回到家媽媽看到這隻小貓果然立刻抓狂，可是生米都煮成熟飯了（噗），我謹記著同學說的，只要和貓咪相處一個禮拜，絕對不會有人不愛上貓的，我只好跟媽媽說這隻小貓這麼小，好可憐，至少讓他待一個禮拜吧。。。。就這樣媽媽那天氣到不跟我說話（～抖）

咪咪小時候照片

那天晚上真可用手忙腳亂來形容我這個新手貓媽媽，第一次幫小貓洗澡，阿娘威，小貓一泡到水槽裡，一堆小小黑黑的跳蚤就全部浮出來（大驚），還好媽媽沒看到，不然肯定會翻臉連我都驅逐家門

好不容易洗完澡，因為也沒有照顧小貓的經驗，我只好先把家裡的書房準備成小貓房，放了貓砂盆，禱告小貓自己會用，然後開了一個幼貓罐罐，用手指頭挖了一點肉泥沾小貓的嘴，可是小貓大概是在想媽媽，只是一直喵喵叫不肯喝水，也不肯吃罐罐

咪咪咬我

我的心裡一直在問自己，這樣把小貓從媽媽身邊帶走真的好嗎？如果一直不吃不喝不上廁所我該怎麼辦？一堆問號在我腦海裡打轉，只得禱告順其自然吧。。。。。

第二天學校開學，我也只得把小貓留在家裡乖乖去學校，上課的時候我滿腦子都在擔心媽媽會不會受不了然後把小貓給丟出去，想到小貓被丟出去的畫面我就根本上不下課

好不容易熬完上午的課，一下課飛回家果然看到媽媽扳著一張臉說：「哼，還算乖，只敢在藤籃裡（準備給小貓窩的睡籃）！不過早上的罐頭都沒吃！」 阿吼～原來媽媽根本也是刀子口豆腐心，說是說不准養，可是一整個早上也都是一直偷偷進房間看小貓，還擔心怎麼都不吃飯（昏倒）

皆下來果然不到一個禮拜，平時都在家，白天有小貓陪的媽

媽，討厭貓的立場開始轉變囉。。。當我下課的時候，就會開始和我說今天阿咪怎麼怎麼樣，然後又怎麼怎麼樣。。。。 ^0^ 哈哈，成功了！小貓就這樣成了我的小孩啦！媽媽也正式升格成阿媽啦！

◇新手貓媽媽經驗談◇

想要養貓了嗎？準備好要養貓了嗎？當家裡要迎接新成員的時候，記得要先將貓咪用品準備好喔！提籃、毛巾、洗澡清潔用品都不要忘了喔～～～

貓咪用品

讓我一圓貓媽媽夢的咪咪小心肝

這隻小貓的到來對於從小就想要養寵物的我來說，真的可以說是美夢成真！尤其我高中的時候有一部叫「小雪球」的卡通，我最喜歡卡通裡面和小雪球是好朋友的小黃，他就是一隻黃虎斑貓！大學時候也有一部我很喜歡的「貓咪也瘋狂」漫畫，裡面的主角Michael剛好也是黃虎斑貓呢！

小咪咪

就是這麼巧，這隻小貓也是黃虎斑貓，Lucky～～～

由於撿到小貓的大四正好是我瘋直排輪、曲棍球的時候，所以我一直堅持小貓要叫〝Hockey〞，但是考量到我老爸老媽發音的順利，所以只得跟家人宣布小貓的名字是：〝哈奇〞！但是沒想到一宣布，老爸就首先發難抗議，說哈奇不好聽　＝＝＋　想想小貓也算是爸媽的長孫，所以我也非常尊重的問了老爸那該叫什麼名字呢？結果老爸閉著眼睛想了一下說：「那就叫〝阿奇〞好了！」 Orz　這樣真的有比較好聽嗎？（翻桌）

結果為了小貓的名字，全家陷入了一陣熱烈的討論，最後本席宣布（敲議事槌！）：就叫〝咪咪〞了（果然沒經驗的新手貓媽媽，想來想去都是菜市場名）

就這樣，咪咪，你是我的兒子～啾～

咪咪站起來的經典照片

◇新手貓媽媽經驗談◇

決定養貓之後也要記得，貓咪也需要定期的健康檢查，和打預防針喔～～～這樣才能讓貓咪擁有最健康的抵抗力！！

咪咪的預防手冊

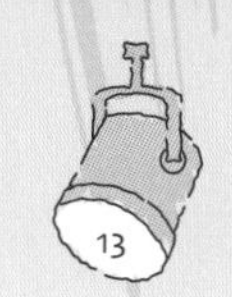

就這樣當了7年的貓媽媽後，我遇到了現在的老公（羞）～當時的他一個人在新竹工作，每個週末都會來台北和我約會，但是當了七年獨子，在家享盡榮華富貴與集三千寵愛於一身的咪咪，卻開始吃著老公的醋！只要老公來家裡，咪咪一定不會給他好臉色，心灰意冷的老公，在多少個哭濕枕頭的午夜夢迴裡，一個人在新竹對著空氣吶喊：我也要養寵物))))))))))))))←迴音ing

所以在2003年12月20日（也是個重要的日子，記下來！），當我們正在台北東區街頭約會的時候，走到延吉街的一家寵物店，老公瞥到了在玻璃窗後正有一雙倒三角的無辜雙眼看著他，一時天雷勾動地火一發不可收拾。。。。因此兩個人就在寵物店前面來回走了不下20次，最後老公咬著牙根決定：「我要帶他回家！」

接著兩個人便乖乖的向寵物店付了贖款，老闆還跟我們恭喜這是一隻3個月大的幼犬，現在帶回家正好可以開始訓練（雖然後來證明這是一場騙局！），結果那隻有倒三角、無辜雙眼的小狗就這樣加入了我們的生活。。。。。。

兩個對於名字沒啥創意的夫妻，果然又取了「小柴」這種菜市場名　＝＝＋

小柴從小食慾就不是很好，所以一直瘦巴巴的，大概就這樣半年之後，有次我

們在網路上看到有隻叫波波的柴犬是多麼的肥美，所以想到也許姓名學是很重要的，所以當天兩個人就開始「波波」來「波波」去，還好叫著波波也是很有反應，所以就這樣～泥就是「波波」啦！

我叫波波，請多指教！

◇新手狗爸爸經驗談◇

狗狗不是玩具，是生命！狗狗比貓咪更需要主人的陪伴！！

愛我就多陪陪我喔～

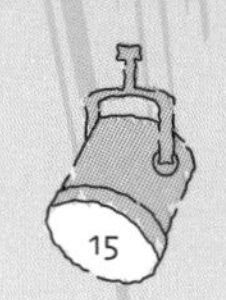

所有好運都從遇見你開始～乖乖妮

其實就在波波的加入之後，隔年我和老公～波波爸也結婚了，在我哭哭啼啼的出嫁，把咪咪當嫁妝帶來新竹生活之後才發現，要高齡八歲的咪咪適應波波爸跟波波是件多困難的事（拭淚）

由於咪咪當慣了獨子，從來沒有和任何兄弟姊妹一起生活的經驗，所以突然要他接受一個整天吐著舌頭哈哈哈噗噗丟的波波，咪咪的反應可想而知是多麼的激烈

而一直以來習慣家裡還有阿公阿媽的咪咪，當新竹家裡習慣的氣味只剩下我的時候，依賴心愈來愈重，每個晚上都海喵著要我陪他在沙發睡

掛著愈來愈黑的黑輪，我們帶著咪咪回到台北請教從小就熟悉的邱銘助醫師，告訴邱醫師咪咪非常排斥波波，晚上也都海喵個不停該怎麼辦？邱醫師聽了我的描述建議，也許可以試著再養一隻貓，因為是同種，所以應該可以轉移咪咪的注意力

所以便和波波爸討論，到底要不要再養一隻貓？

也許咪咪會更生氣那該怎麼辦？也許咪咪反而到處噴尿畫地盤怎麼辦？也許根本沒有用，反而變成晚上是兩隻在海喵那該怎麼辦？（手足無措原地打轉）

想了好幾天，最後波波爸說：「不去試試看怎麼知道行不行？養母貓應該比較不會讓咪咪有威脅感，大不了繼續疼阿！」就這樣，我們開始四處尋找有沒有適合的母貓。。。。。

最後邱醫師娘告訴我，剛好有醫師的客戶想問有沒有人要認養他的貓，是隻銀白色的金吉拉，好阿，我們就試試吧！

隔天剛好我們晚上回到台北便和銀白色金吉拉的主人聯絡，我有點擔心的問了問可以先試養1個禮拜嗎？因為我會擔心咪咪不能適應，而且我們住新竹，怕主人不願意。。。。結果沒想到主人非常開朗的說：「好阿，沒關係，就當他到新竹渡假也可以阿！」就這樣當天晚上我們就約了見面。

當到了約定的時間約定的地點，果然看到一個女生抱著一隻長毛貓走過來，可是～「咦？不是銀白色的？」～心裡也有點納悶，結果上前問了問這位小姐，原來因為她擔心原本的貓比較兇，可能比較沒辦法跟其他貓生活，所以最後她決定帶她最疼愛的小貓讓我們認養，這位小姐非常愛貓，曾經同時養了四隻貓，只是剛出生的小孩子對貓毛過敏，才不得已一把鼻涕一把眼淚的幫愛貓找認養家庭。。。

喵～我很乖喔～

「她是我最乖的貓了，叫妮妮」這時這位小姐已經快哭了

哇，這隻金吉拉被剔了毛，真的好小一隻，從主人身上抱了過來也不見掙扎，和咪咪每次出門的鬼哭神號有天壤之別，妮妮有點怯生生的看著我和波波爸，那圓滾滾的大眼睛彷彿是在問我們：「你會好好疼我嗎？」就是那一刻，我棉便愛上了她～～～～

你會好好疼我嗎？

從台北回新竹的路上，妮妮非常乖巧的埋在我的臂彎裡，習慣咪咪粗

獷、時常熱臉貼咪咪冷屁股的我，一時之間反而不能反應～因為實在是太乖了！（大喜）

一路上為了安撫她，我跟波波爸輕輕叫著～妮妮乖～乖乖喔～妮妮乖～結果到了新竹一下車，我就決定！「妮妮實在是太乖了，以後妳在我們家就叫乖乖妮吧！」

跟波波不一樣，不會吐舌頭，跟我不一樣，身上迷有毛，到底這是啥？

果然，大概是因為小母貓，一進家門咪咪真的沒什麼反應，只是瞪著大眼睛蹲在沙發邊看著乖乖妮

太好了，第一天就相安無事！晚上咪咪果然也沒叫，一切都是那樣的順利！

雖然在接下來的一年多的生活中，咪咪還是不能放下威嚴接受乖乖妮，所以在我腦海中一幅兄妹相親相愛的畫面始終不能實現（嘆），不過由於乖乖妮是這樣的奶人愛撒嬌，大大的滿足了波波爸被依賴的感覺，所以波波爸原本被咪咪傷害的幼小心靈，總算走出來了怕貓的陰影（放鞭炮）

現在波波爸下班回家第一件事情就是找乖乖妮，吃完飯就是要抱抱乖乖妮，晚上睡覺也要乖乖妮到身上踏踏、壓壓、按摩SPA，吼～這對噁心、互相依賴的父女，感情真是好到讓我嫉妒。。。（抱著咪咪到牆角黯然）

爸爸的肚子好像席夢思～好好躺喔～

不過～乖乖妮阿～謝謝你來到我們家喔～所有的好運都從遇見你開始呢！

◇新手貓媽媽經驗談◇

如何迎接家裡的第二隻貓？一開始最好先隔離，等原來的貓咪逐漸習慣新貓咪的味道之後，再介紹他們認識吧！

你真滴素我妹妹？

我的第一次養狗經驗

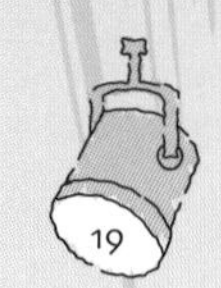

其實....波波不是我養的第一隻狗

從小我就很喜歡阿貓阿狗
可是無奈.......家母堅持就是不准養！

可是有天.....家母竟然跟我說.....

為了決定養長毛狗或是短毛狗
我還天人交戰了一番！

最後我決定~

到了要交車的那天
我和阿爸都覺得自己是全世界最幸福的兩個人.....

結果原來長毛狗是.....
長毛狗面紙盒！

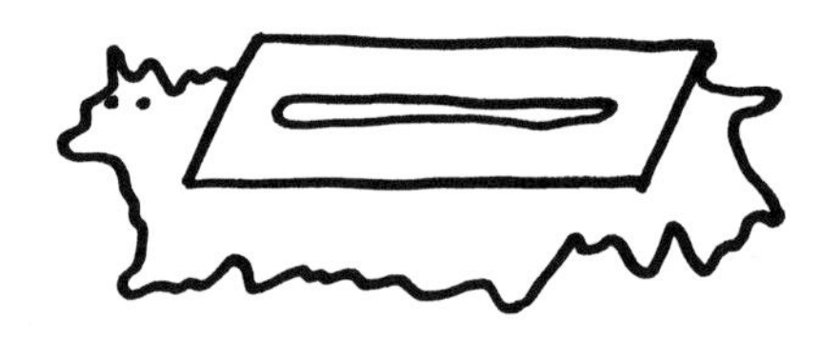

↑原圖：請大家自行
把豬頭換成狗頭！

搞屁啊！（怒）
sales下次講清楚一點好不好！

這就是我第一次養狗的經驗（完）

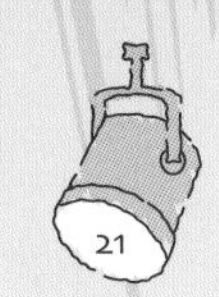

我們的五個怪癖

現在要跟大家自我爆料一下我們大戲院各個工作成員的五個怪癖，希望可以讓大家更瞭解我棉唄～～～

1號男主角『咪咪』：

咪咪對於百葉窗情有獨鍾的程度，已經到了中毒的地步
只要有百葉窗，咪咪就會這樣「聞」→「鑽」→「走」

阿娘威。。。。明明就很胖還愛硬塞在百葉窗裡走動，每次都被卡的喵喵叫後再出動我的緊急救援
七刀～你們說怪不怪？！

2號女主角『乖乖妮』：

乖乖妮對於電風扇的扇網有著莫名的異食癖

最糟糕的是，每次看到正想開罵的時候
乖乖妮卻在一手搭著電風扇，然後一手
開始『喔喔ˊ～我這樣是乖小貓嗎？』
的自省
唉。。。看到乖乖妮這樣自我反省，想
罵都罵不下企。。。。。

3號男主角『波波』：

明明是男兒身！卻就是這樣熱愛小
娘娘坐姿
你們說，怪不怪？！

4號總裁『波波爸』：

波波爸其實為人正常，我想了好久都想不到什麼特殊的怪癖（看A片不算吧）
那好吧，就這個吧，我想只有這個是怪癖吧！
那就是女兒的話，一定是這樣抱在懷裡
兒子的話，波波爸都不肯用抱的，只肯架拐子
嗚嗚嗚。。。。我可憐的咪寶
（波波爸在後台開始抗議毀謗：因為抱咪咪會被抓）

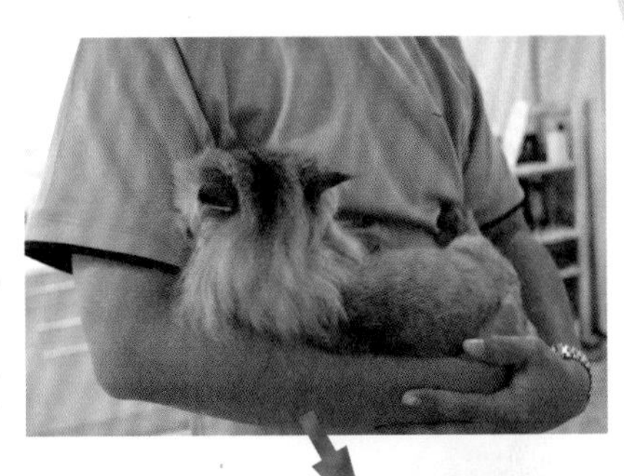

5號導演薇歐拉：

嘿ˇ嘿ˊ，我睡覺的時候，喜歡雙手抱著頭，然後腳成大字形睡，超爽！
不過後遺症是常常隔天醒來手都已經麻掉快斷掉　="=
慘！偏偏睡著手就又不自覺去抱頭
你們說怪不怪？！

好了，以上就是我棉大戲院的五個怪癖，謝謝。。。

引人遐想的一家店名~~呼呼~~

那年大家是大一新鮮人…
打完新生盃球賽要去找喝涼的店…

大家有一搭沒一搭，就是想不出要去哪裡吃冰？

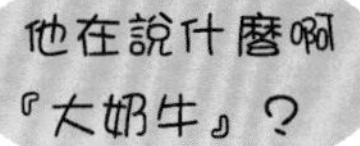

『大奶牛』？

校門口真的有
『大奶牛』…

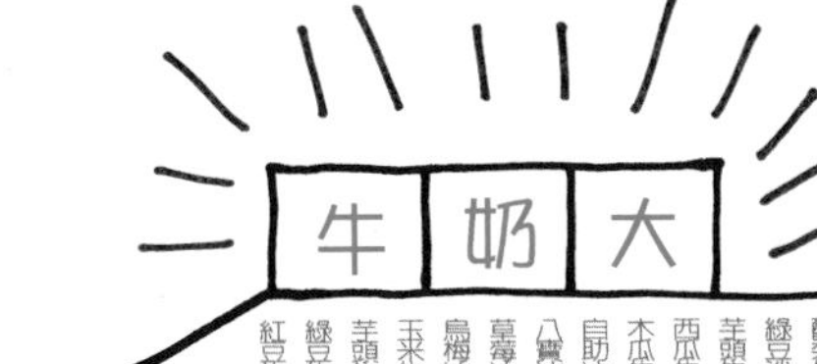

不信你棉看～

原來這家店叫『牛奶大王』…只是…

因為颱風被吹掉的招牌 →

這位同學真的不知道那
家店叫『牛奶大王』 →

導演薇歐拉製片室

善變的女人

話說有天正在和波波爸傷腦筋晚餐要吃啥？

但是沒有一個共識…最後使出奶功～

找了很久，總算找到一家在
賣廣東粥的店…

那我要什麼咧？

皮蛋瘦肉粥？

豬肝粥？

海鮮粥？

拍謝…把老闆畫的跟鬼一樣…
大家隨便看就好…

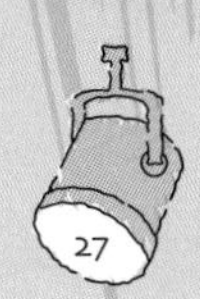

好吧！！！我要～

豬肝意麵！

老婆大人！
你會不會太善變了！

波波爸～鼻要生氣咩～
女人是善變的咩～

結果～那家的豬肝意麵難吃的要人命（噁）

有一天看到一個未接的電話！

0972×△□×△□

是誰阿?

對於不喜歡接到不認識電話的波波爸來說，看到這種未接來電是非常困擾的…

會不會是詐騙集團?
還是廣告電話?朋友的?

最後…波波爸還是決定打回去看看…

結果打回去一聽到等候音樂波波爸立刻掛電話！

淦！

保險公司！
一定是要拉保險！

結果不到1分鐘，那個神秘電話又打來~

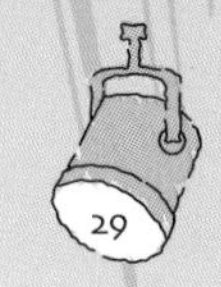

鈴　鈴　鈴　鈴　鈴

0972×△□×△□

威、！

口氣很兇

波波爸再次接起電話～

電話那頭卻是…

威ˊ～挖洗阿母啦！

那A安捏？

豆喜茶？

結果…
原來波波爸的阿母辦了新手機打來
說一聲
可是為什麼波波爸打回去聽到音樂
卻那麼生氣呢？

豆喜茶？

豆喜茶？

戀愛ING

happy ING

ING

啊～讓大家
見笑啦～

原來波波爸聽到了五月天的這首歌
以為是保險公司的歌啊～～～

這也太巧了吧？！

相信看過星爺招牌電影～『唐伯虎點秋香』的人
應該都能熟背唐伯虎混入華府時用的代號就是

9527

某天無聊，想起公司的分機號碼剛好是四碼
於是便好奇的想打打看是不是真有9527？

Ring

結果竟然真的有響！

Ring

Ring

而且電話接起來還聽
到9527這樣說：

喂～我天兵！

一時緊張的我都快笑出來了
接著我繼續問：

請問您是哪一課？

阿娘威

當場倒退三步的我

內心受到相當大的衝擊…

結果原來我棉公司的唐伯虎是這位先生啦：

分機：9527
姓名：X添斌
部門：電機儀器課
↑簡稱奠儀課

ho ho ho

泥可以再巧一點…

自己嚇自己

期待ing

男主角咪咪休息室

我的一天活動

今天，我要向大家介紹我一天的活動.......

這是我最喜歡的活動，我一天大概會花19～20小時來從事這項活動！

二、體能訓練

我通常都是以馬麻為工具，進行各項體適能的訓練。平均一天我會花1～2小時進行訓練！這是我非常重視的活動！

上下顎咬合速度的提升

手臂肌肉耐力的強化

三、吃飯飯

為了維持我威武剽悍的體格，吃飯飯是我一天很注重的活動！我平均會花0.5～1小時，以分次、想到就吃一口、吃的到處都是的方法持續進行這項活動。

四、造型

雖然馬麻老是吵著要當我的造型師，每天也的確都會主動拿梳子幫我sedo，但是其實所有的梳妝打扮整體造型我還是不喜歡假手他人，即使我每天再忙（忙著睡覺）、再累（愈睡愈累），我還是願意花1小時左右進行，這份對於所有廣大粉絲應有的外貌儀容表現，我還是親力而為！

五、尋找新戲的題材

因為我棉的大戲院才剛開張，所以這是我最近才開始迷上的活動.....也會多花了點時間在這上面，一天大概有0.5小時我會起身走動，看看有沒有什麼可以當作當天日記的題材！

好了，為了今天的這份題材，我已經花了超過的時間了……我要趕快去睡覺了～明天見囉！

獨佔與分享

馬麻前幾天問我喜歡以前還是獨生子的時候呢？
還是現在多了乖乖妮妹妹呢？

我沒有馬上回答馬麻，我回到自己的位置上打算好好想想這個問題

想著想著，好多以前的回憶都慢慢跑了出來
我發現我以前的世界只有馬麻一個人，雖然馬麻給我的愛是滿滿的
但是很多時候我還是會覺得孤單單的

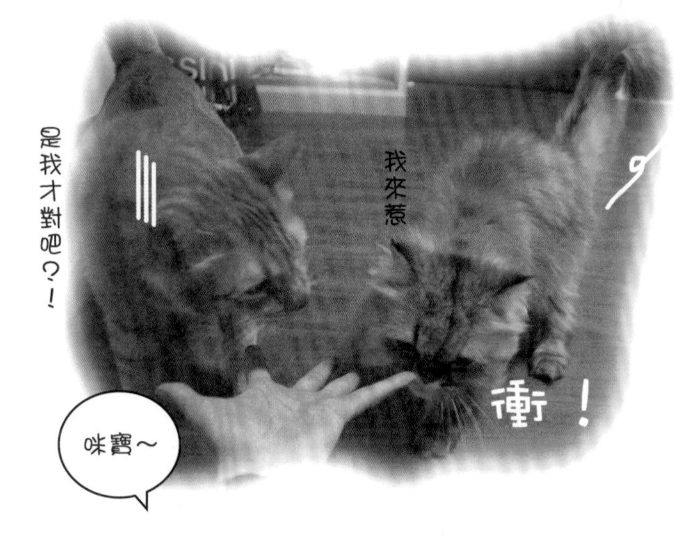

現在多了一個乖乖妮妹妹，有時候這個妹妹很討厭，因為她會跟我搶馬麻

有時候妹妹很糟糕，總會沒
由的就在地上翻肚皮呼嚕

咪大哥～泥在幹嘛？

有時候妹妹太黏我，
總愛當我的跟屁蟲

以前我總是獨佔馬麻的愛，一開始多了妹妹我本來是很不習慣的
不過....其實自從妹妹來了以後，我的日子的確也變得豐富、不可預期、充滿驚喜（天知道妹妹又要做什麼白癡的舉動）
白天和妹妹一起睡一睡、打一打，時間彷彿也過得特別快
總覺得一下子馬麻就下班回來陪我們了
好吧，我承認啦，其實，分享的感覺也不錯啦！
好吧，我等一下準備跟馬麻回答了～嗯，我比較喜歡現在多了乖乖妮妹妹喔！

學士畢業照分享

昨天在和媽媽整理家裡的時候，意外的翻出了這張我難得珍貴的學士畢業照！

想想這頂學士帽還是按照我的頭圍量身打造的，雖然在帽緣露出白色的接痕處

不過還好，這並不影響我學歷的證明！

看我的學士帽，帥吧！

想想那是八年前的事吧，各位姨姨你們瞧瞧，那時的我是不是比較幼齒？毛色是不是也比較深橘色？

拿到學士帽的那天，我還和學士帽製作達人薇小拉合影留念

想想當時還只有傳統底片，在底片早就已經不知道在哪裡的情況下，這兩張照片真是彌足珍貴！

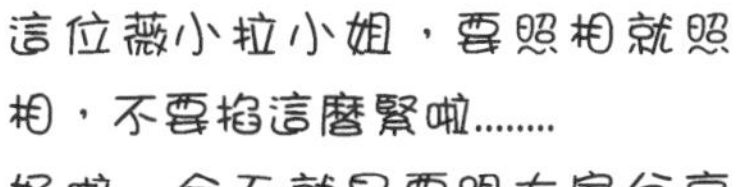

這位薇小拉小姐，要照相就照相，不要掐這麼緊啦........

好啦，今天就是要跟大家分享我的學士照，謝謝大家，下台一鞠躬！喵！

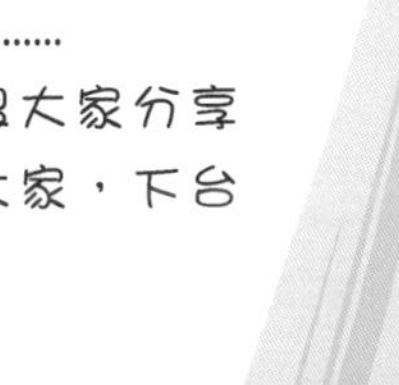

我是飛行員

我是飛行員，我喜歡開飛機！
今天來給各位姨姨看我開飛機
的英姿！！！！

馬麻做好貓草枕給我，我不給面
子，當場開飛機走貓！！！！

馬麻開妙鮮包給我當生日大餐，
我怕胖，一邊聞一邊開飛機！

自己在餐桌上
母雞蹲，也要
開飛機！！

馬麻摸摸我也要
髀飛機！

媽媽陪我玩，我也
要髀飛機！

馬麻抱著我和妹妹拍合
照，我也要髀飛機紀念！

一邊曬太陽，沒事我也要髀飛機！

在陽台玩，我也
要開飛機！

沒事在家，恍神也要開飛機！！！

我熱愛我的職業，我
以飛行員為榮！！！

兒子的辛酸

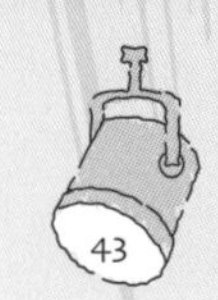

一天，一位無聊的母親這樣說：
「咪寶～～～泥要不要跟小飛玩？？？？」

只想趕快打發媽媽的小朋友這樣認為：

↑不甚積極敷衍狀

↑聞聞ing

接著雞婆的媽媽想來點刺激滴

咪寶～泥聞聞看～然
後來踢踢嘛～～～

「還是像這樣，媽媽甩小飛給泥玩！咻咻咻（口中發出快速氣音ing）哈哈哈哈哈」媽媽相當自得其樂

結果，甩太大力。。。。。。

「唉～這年頭當人家的小孩真辛苦～ ＝＝＋」

我的一個小祕密

哎喲～好害羞喔～今天要來跟
大家說一個我的小祕密

（把頭微微低下鞠躬）

（皺眉抿嘴ing）

這個祕密說出來以後，可能
會衝擊我的性感偶像地位
！！！！

但是身為大戲院第一男主角，
迷有關係滴～～～
我講出來希望大家還是要繼續
支持我阿～～～

(photo by playful)

(photo by playful)

這個祕密就是~~~
我的腳是。。。。
內八~~~~~~~~

平常這樣隨便的站著。。。。
對！是內八！

像是我上次以帥氣的領巾拍攝
雜誌封面的照片 。。。。
對！是內八！

像是上次我接受呸雞姨姨的愛心
禮物拍的感謝照片~~~~
對！是內八！

像是我最近在拍攝惡靈古堡的劇照～～～～
是滴，也是內八！

還有，當年我還沒正式出道還在台北經紀事務所拍攝的照片～～～～
也是內八～～～

天阿～～難道我的內八是因為體重而壓出來的嗎？
(photo by playful)

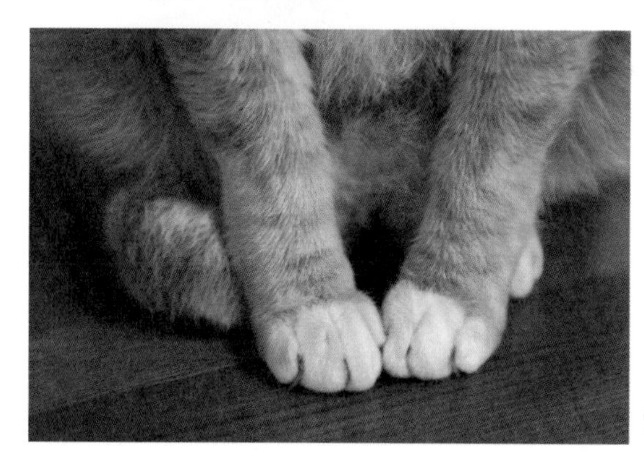

哎呦～這就是我的小祕密啦，不曉得有迷有誰家的貓咪跟我一樣呢？
(photo by playful)

不合格的身分證

薇小拉：「哎呦威呀～咪寶寶，最近要換發新式身份證，我棉先來拍大頭照吧！」

好阿好阿！可是現在的身份證大頭照規定一堆，要擺什麼破司呢？我左想想。。。

我再右想想 。。。。

薇小拉：「還想。。。大頭照只拍頭啦，快點啦，我要照囉～～～～～」

OKOK！那我面帶笑容～～～～

超滿意這個笑容！麻泥就拿這張吧！！！！

薇小拉：「。。。。。。。。。。。。。｜｜｜」

當偶像的犧牲

乖乖妮妹妹很喜歡玩這次姨姨棉送的藍毛怪！
所以常常會被狗仔拍到這種有損女主角形象的照片！

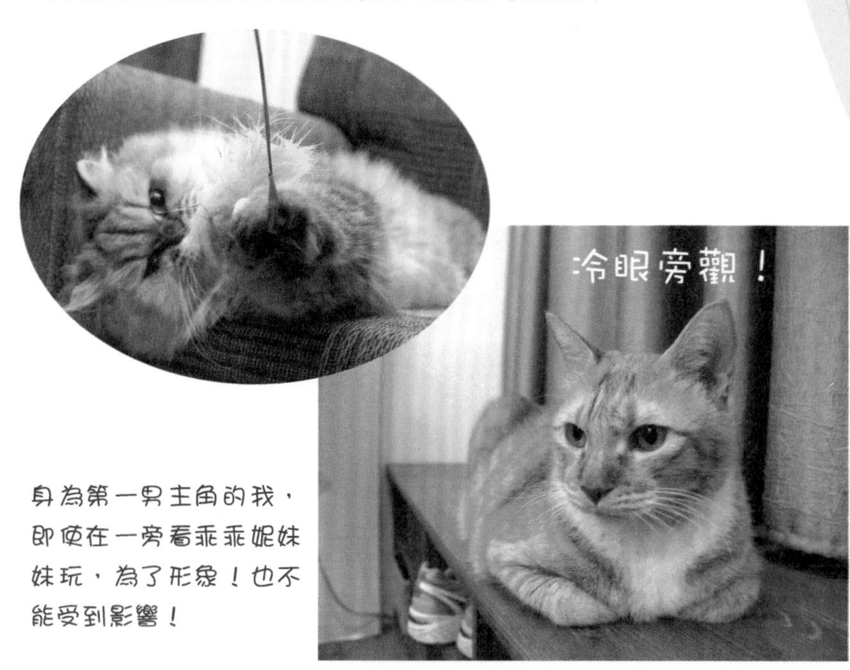

身為第一男主角的我，即使在一旁看乖乖妮妹妹玩，為了形象！也不能受到影響！

假裝毫不在意～

甚至，為了表現出大丈夫男貓漢的架勢
我還得裝作不在意！

更多的時候我只能。。。

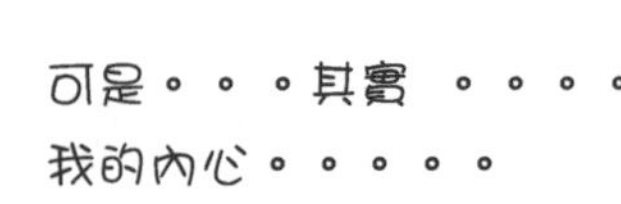

可是。。。其實 。。。。
我的內心。。。。。

哇))))))))))))我受不了了~
~~~~~（用手撥弄）

~~~~~

笑 感動天

某天，我正在媽媽的腳邊睡覺

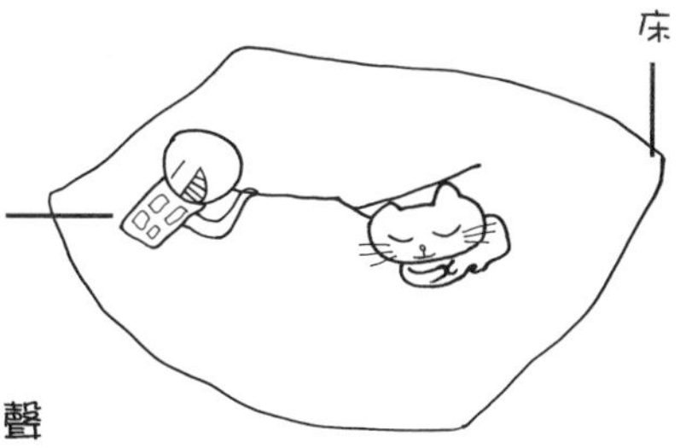

突然，碰的好大一聲

接著，我不是很放心，便......

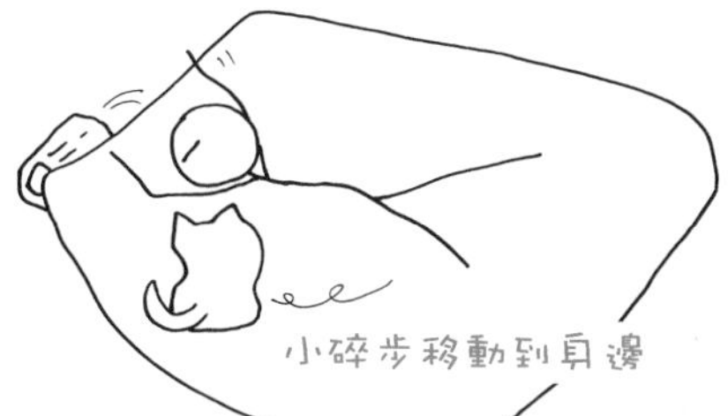

甚至.....

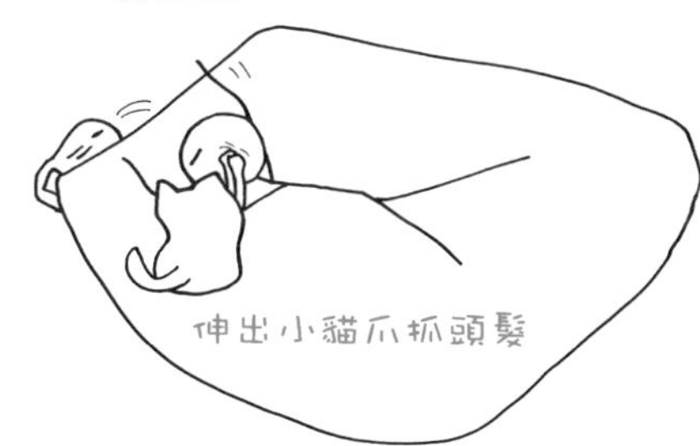

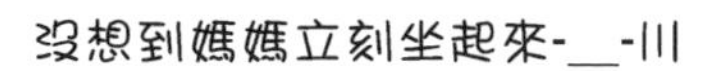

P.S.薇小拉：這個「我昏倒.....咪寶來秀秀我」的戲碼讓我在家百玩不厭啊！！！

天助良緣

雖然我已經當公公（不是阿公！）了
可是，其實我還是有老婆滴
今天就來跟大家介紹一下我的另一半！

我和兔兔是在2005年10月11日相親認識滴
見面那天丈母娘（雪兒）就很喜歡我
隔幾天媽媽也就幫我開口提了親
哎呦～好害羞喔～都年紀一大把了～
終於結束王老五的光棍生活啦！

喏～這位就是我的老婆：倪兔兔小姐

(photo by 雪兒)

很漂亮吧！
雖然她素有貴婦與恍神公主兩項頭銜
可是，我真滴很愛她！
而且重點是媽媽也很喜歡這個媳婦
我想在我棉家是不會有婆媳問題滴！
(photo by playful)

平時我跟兔兔還是各自
住在自己家
所以在不能見面的日子
我棉也時常MSN：

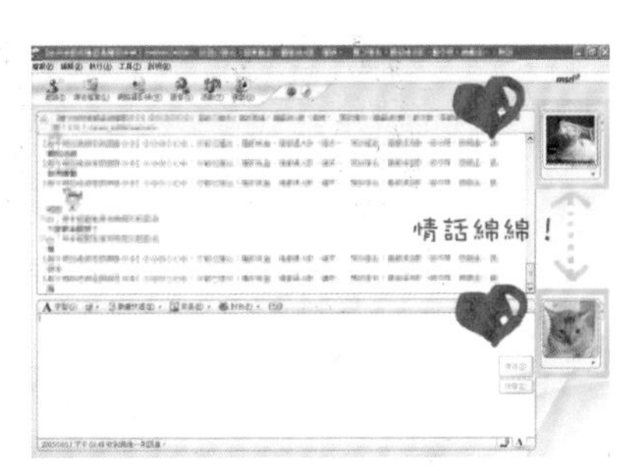

上次丈母娘終於帶兔兔來家裡找我
看到老婆我好開心阿
一直對著老婆講話 。。。。

？

老婆泥好～

？

老婆呆掉了，有
迷有聽到阿？

。。。

不南再講一次
好了！

(photo by playful)

(photo by playful)

(photo by playful)

聽 某嘴大富貴

那天老婆來家裡找我的時候
也有另外一位罵包小朋友一起來家裡玩

可是不擅長貓際關係的我，實在是感到好挫折喔（無心的撥弄貓砂）～～～～
罵包小朋友～我不是黑社會，也不是鬼啦～泥不要這麼驚慌啦～

(photo by playful)

←緊張，結巴ing

(photo by playful)

(photo by playful)

嗚嗚嗚嗚（哭著低下頭）
～～～～我不敢交朋友了
～～～～～
還好，老婆鼓勵我！

(photo by playful)

所以。。。。。

這是啥米碗糕？
（這是什麼東西？）

(photo by playful)

(photo by playful)

最後。。。。我記著老婆的話和罵包小弟打了招呼～

小朋友～罵罵罵。。。罵包小弟～泥泥泥。。。泥好！我叫咪咪！

咦？對耶！好像只是胖而已！

(photo by playful)

(photo by playful)

果然，聽某嘴大富貴！
罵包小弟終於決定和我做朋友了～

果然每個成功的男貓，背後都有一位默默支持他的女貓！
吳咪咪～能取到這個老婆算是泥三生有幸啦！

終於開竅了！

馬麻前幾個禮拜，自作聰明買了什麼CATSPA要給我當生日禮物
哼，那麼娘！一看就是乖乖妮才在用的～我。才。不。想。玩。
呢！
結果，沒多久，家裡又多了一個怪東西↓

我瞧瞧....這是幹什麼來著？
耶？有個怪怪的圓洞？
見鬼啦，這是用來包貓捲的嗎？
還好我這麼胖，一定不是用來包我的！

喔～我知道了～原來是用來當馬麻愛心貓抓板的靠杯！
哇...差點說出髒話，是靠背（ㄅㄟˋ）～靠背（ㄅㄟˋ）啦！
嗯～不錯不錯～這樣我在愛心貓抓板上面洗澡的時候，就有得靠背了！

『耶～咪大哥～這下面還有個還有一個小屋子耶！』乖乖妮湊過來看了看這樣跟我說
『喔，沒關係，我用這就可以靠背！』我一邊舔腳一邊回答乖乖妮！
『不是啦，咪大哥....這一大仙的東西應該不是只拿來靠背的吧！』乖乖妮一邊瞧著新玩意一邊疑惑的問我....

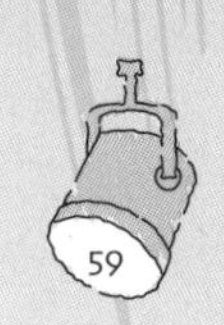

『安啦安啦！我這樣用一定對啦！』眼見乖乖妮一臉茫然，我理所當然的回答了她！

TTJ

老實說，馬麻有時候常常想拍貓屁都沒拍成
可是這次這個怪東西還真不錯啦
姨姨你們瞧！以後我坐在貓抓板上洗澡就方便多了
想靠杯就靠杯，想靠夭就靠夭
真不錯！嗯～看來等一下馬麻過來我可要好好謝謝她柳！

薇小拉：「還好咪寶耍笨耍沒幾天，終於知道貓樹要怎麼用了（大汗）」

女主角乖乖妮化妝室

找工作

那天，當我正在上網找工作的時候，進入109人力銀行，我立刻花現了這個工作機會。。。。。

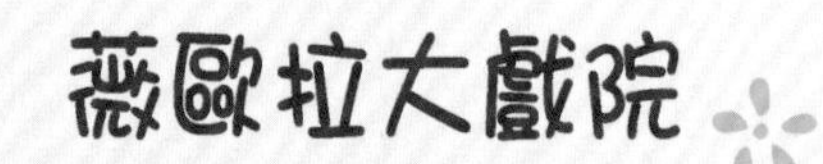

現正舉行盛大的求才招募大會

公司簡介及求才工作介紹

■求才公司介紹：

【產業類別】服務業

【員工數】2人1貓1狗

【人事聯絡人】薇小拉

【公司網址】http://www.wretch.cc/blog/viola0907

■求才公司介紹：

薇歐拉大戲院擁有最新的影音設備，是許多知名人士及大眾選擇的最佳休閒去處

■福利制度：

1.免費提供SPA、活水機 2.員工專屬生日趴踢 3.三節加菜 4.每年一次員工健康檢查

■線上工作機會需求：

總裁秘書（需求貓數：1貓）

■求才內容說明：

【職務說明】協助薇歐拉大戲院總裁（波波爸）處理日常交辦事宜
【職務類型】秘書
【工作性質】全職
【上班地點】新竹市
【工作待遇】每日提供兩餐，並有員工宿舍（貓樹）可供申請
【休假制度】週一～週五白天休假，週六～週日無休假，需隨時陪伴總裁

■工作條件限制：

【年齡限制】3歲以上成熟貓
【性別限制】女性尤佳
【學歷要求】乖巧即可
【工作經驗】無
【語文條件】喵語即可
【電腦專長】具備電腦基礎維修技巧
【其它條件】能獨立作業、靈活善溝通，協助總裁交辦事項

咦？我有資格嗎？？我有機會嗎？？？我可以參加面試嗎？？？？
就這樣，我寫了一封履歷表，希望有機會進入薇歐拉大戲院服務。。。。

履 歷 表

【基 本 資 料】

中文名字：乖乖妮
英文名字：Velani
性　　別：女
出 生 地：台北市
居 住 地：新竹市
出生日期：民國 88 年 1 月 23 日
婚姻狀況：單身
身　　長：33公分（含尾巴72公分）
體　　重：2.7公斤
三　　圍：24公分/34公分/3.5公分
（脖圍/肚圍/尾巴圍）
教育程度：自己乖

【請貼上近三個月照片】

【工 作 專 長】

會使用電腦（但是都是用手腳亂踩一通）

可以協助總裁管理行程（咬著手錶到處亂走）

具有電腦基本修理技巧（怎樣。。。強吧！）

具有電工基本常識（亂咬電線。。。我真是太厲害了！）

學習精神強烈（什麼都好奇！）

處理維護辦公室清潔（愈弄愈亂）

能獨立作業（站在平衡木上保持獨立！）

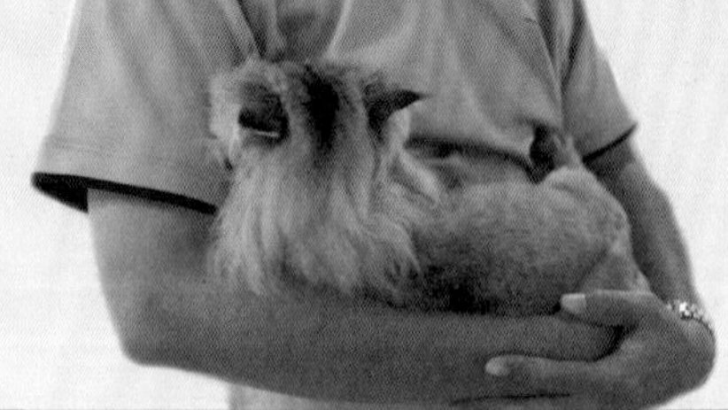

靈活善溝通協助主管交辦事項（沒問題！我的強項！）

呼～總算把我的履歷表弄好了

好了，我準備寄出去了，希望我的這份秘書應徵工作一切順利，YA！

水手服發表會

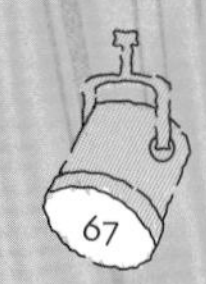

妹，馬麻要我跟妳說，等一下要試穿衣服

我已經全身都穿了毛衣，幹嘛還要穿什麼衣服？

不管啦，妳好自為之，我先閃啦…

大事不妙…快溜…

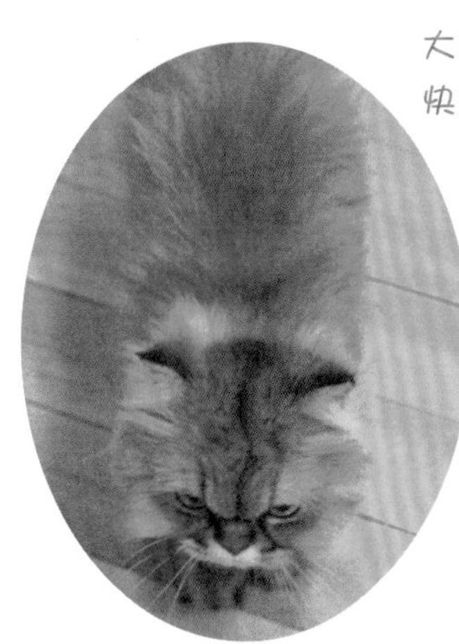

Ops…門打不開…

乖乖妮～
妳在哪？

救貓喔～～～

嘿嘿，抓到妳啦！

十分鐘後…

乖乖妮，很漂亮啦，妳轉過來啦～

我覺得不適合我啦…

真的看起來怪怪的阿…

把帽子脫了也一樣啦

臭饅頭帽，看我咬你

好管閒事

把拔好忙喔....我來看看.......

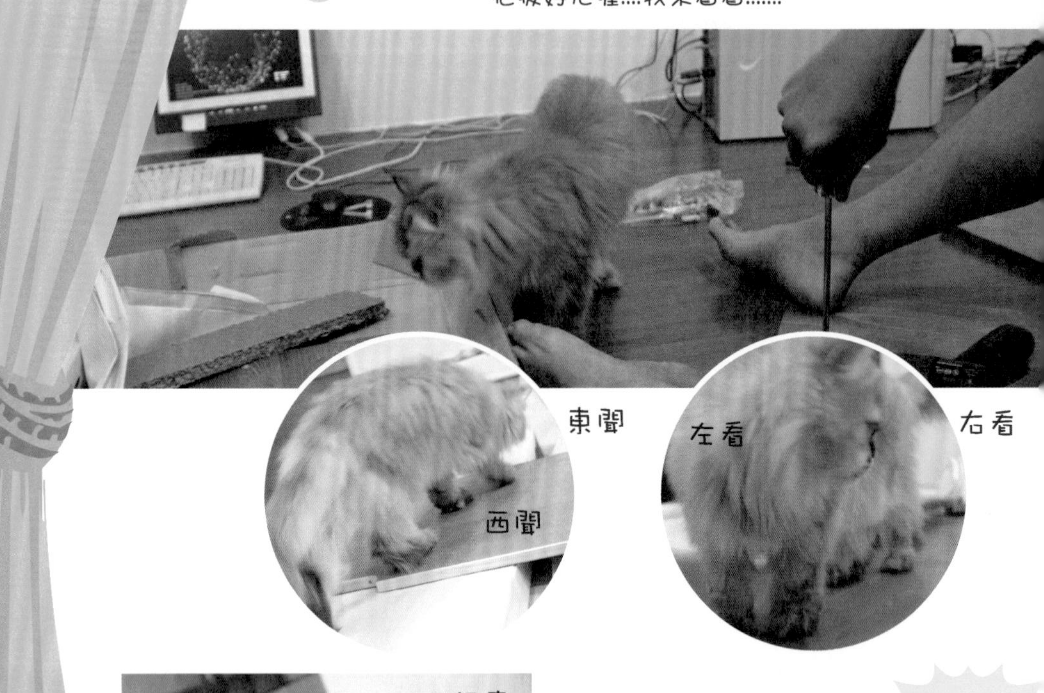

所以，要在家DIY是很困難的-__-lll

反派角色

夢幻女主角的戲份有點演膩了
今天來嘗試一點反派的角色
看看這樣的戲路可不可以更廣
一點。。。。。

我呸（吐口水）

跩個二五八萬

壞心小姑，和街坊
鄰居三姑六婆

敢惹我！！！！

說髒話："X！"

地下錢莊放高利貸！

呼～這種角色扮演好累喔～
終於下戲了～等一下把拔就要回來了～
YA！

魔鬼女大妮

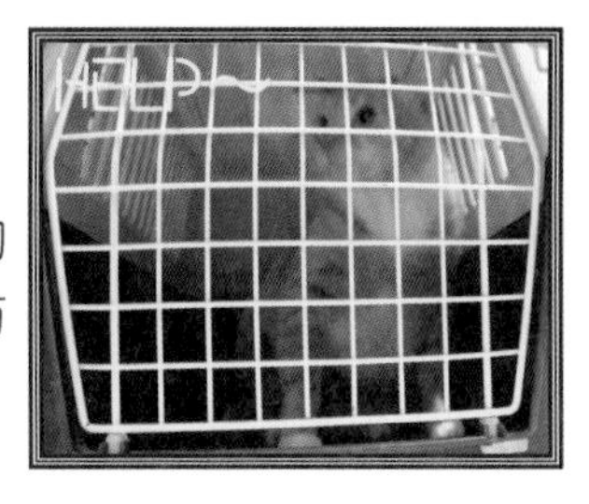

【前集提要】由於咪咪上尉在上一波的攻擊行動不幸曝光，因此目前已被敵方囚禁在密室中，正在等待救援。。。。

乖乖妮下士！搶救咪咪大兵的任務刻不容緩，今晚，你即刻出發到敵營吧！

臨行前，一向最照顧乖乖妮下士的士官長也忍不住一再叮嚀人質營救的技巧與談判的手腕！

說時遲那時快。。。。乖乖妮下士已經抵達了敵營外圍
並準備利用匍匐前進的方式。。。。悄悄的接進囚困咪咪上尉的密室！

『待我瞧瞧。。。。咪咪上尉在哪裡。。。。』乖乖妮小心翼翼的執行著這項戰俘救援行動

深入敵營之後，乖乖妮立刻與敵軍首領毛毛頭發生衝突！

『ㄏㄤˊ～你就是擄走我們咪咪上尉的毛毛頭嗎？』乖乖妮開始嗆聲了。。。。。

『喝・喝・哈・嘿・・』乖乖妮使出在軍校中學習的一切格鬥技巧，與毛毛頭展開生死殊戰！

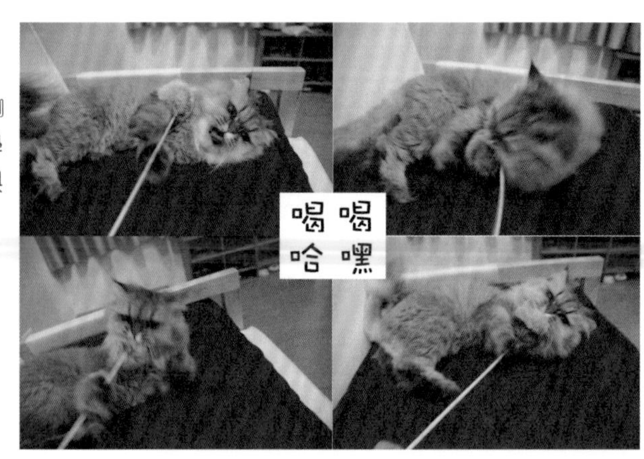

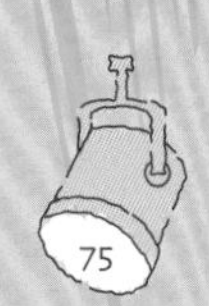

幾經纏鬥，乖乖妮使出士官長臨行前傳授的終極必殺秘計-『以奶悶敵』（對不起，這招真是太低級了）
終於將敵軍毛毛頭首領制服！！！！

接下來。。。乖乖妮立刻竄入密室 。。。。

咪咪上尉就在眼前！！！！

勇敢的乖乖妮～～成功了！妳完成了這次艱難的任務！
妳的膽識已經超越了你的官階
從現在開始
大家都要叫你～『魔鬼女大妮』

情人！

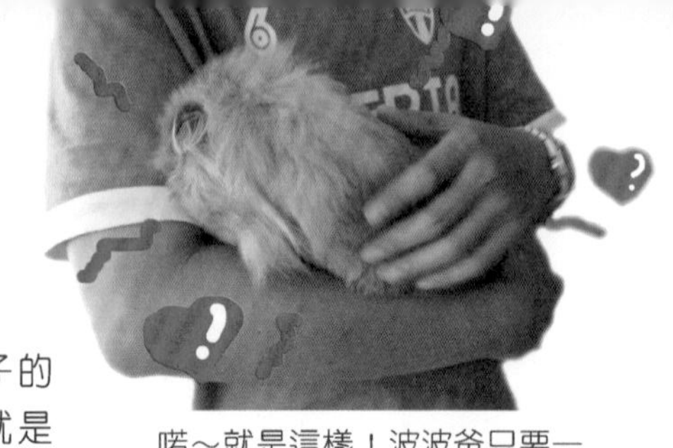

我想，父親和女兒的確是上輩子的情人吧！在我們家裡，波波爸就是最疼愛乖乖妮了！到底是疼到什麼程度呢？（薇小拉欷吁代筆ing）

喏～就是這樣！波波爸只要一回到家，通常手裡就會掛著乖乖妮！

乖乖妮在把拔的懷裡，總是相當安分，還會把整顆頭埋在裡面
感覺上好像有波波爸在擋著外頭的風雨，很放心的咧！

如果由下往上看，就會看到乖乖妮的小白嘴，看起來好像還在勝利的微笑！

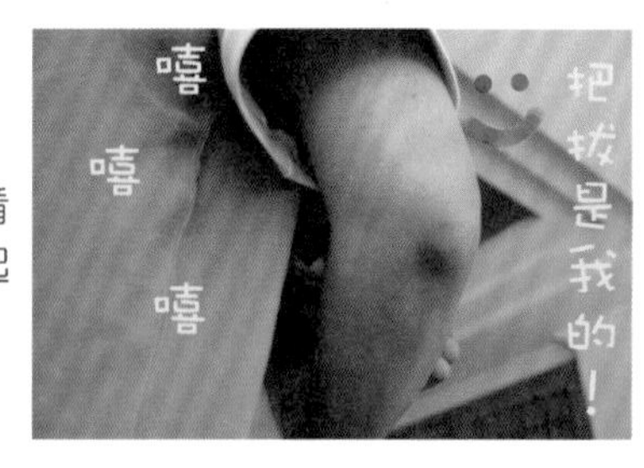

乖乖妮會自己緊緊的抓著把拔不肯下來
天阿～～根本就是連波波爸的心也被抓牢了吧！

橫ㄟ～看三小！

讓人感到orz的第一種情形

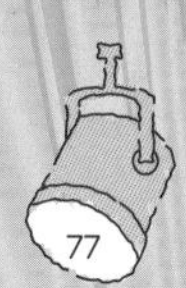

大家應該都知道波波爸非常寵愛乖乖妮～

（父女噁心抱抱實錄）

所以常常半夜兩個大人得擠在床的同一邊
因為......愛女乖乖妮也要躺枕頭！

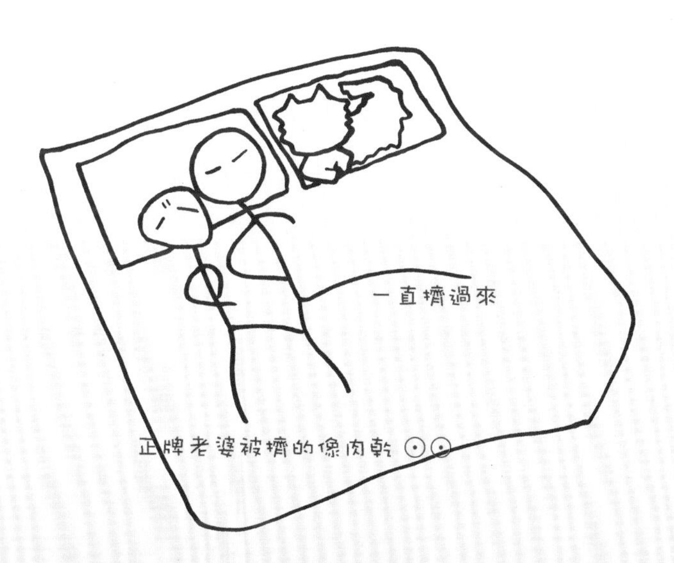

某天早上！波波爸竟然
這樣跟我說……

昨天乖乖妮不像話！擋在我
桶中間！所以我把她從枕頭
上

推下來

肉身阻擋

技術犯規

已經失寵很久的我
超～感動捏～

波波爸還是比較愛我滴～～～

皮癢，繼續說

然後只好抱在懷裡……

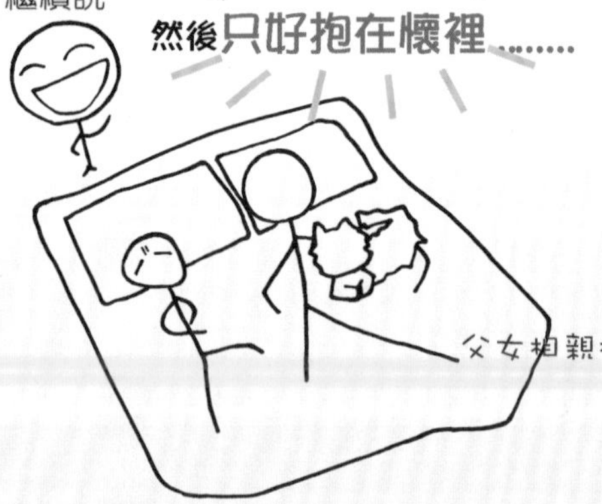

父女相親相愛示意圖

×！又輸了……

爭風吃醋

今天晚上，有一個小朋友在媽媽的身上撒嬌

這個小朋友左踩踩～～～

右踏踏～～～

和媽媽非常相愛（羞）

直到。。。。

有一個討厭鬼出現

嗚嗚嗚。。。這個小朋友就跑去討厭鬼那邊了（大哭）

把拔～

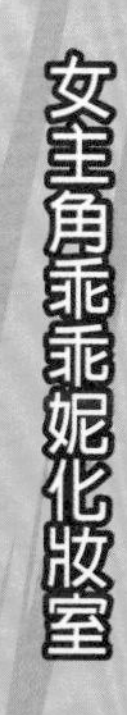

掌上明珠

這一位小朋友，從去年來家裡的第一天，就認份乖巧沒話說！

大家好！請請請請多指教

不管媽媽DIY什麼～捧場！

不管我買什麼～捧場！

這個籃子我喜翻！

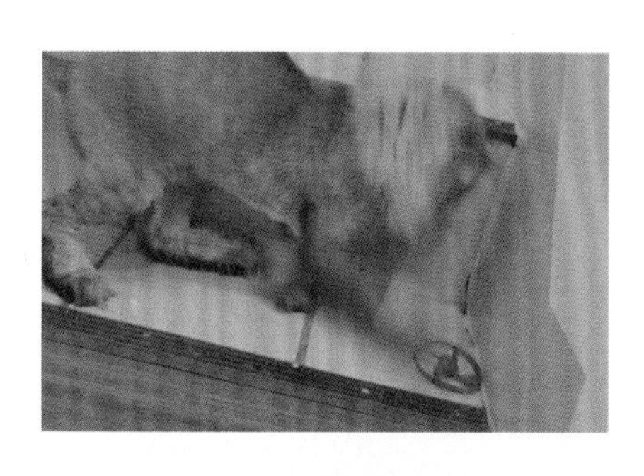

什麼玩具都玩得很開心！

靈活中又會耍點笨！

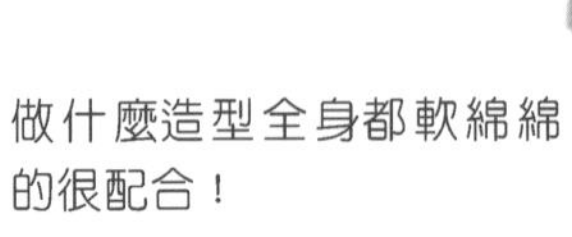

做什麼造型全身都軟綿綿
的很配合！

成功的融化了家裡每一個
人的心！

真是感謝上天派了乖乖妮這
個可愛的天使來到我棉家～

讓人感到Orz的第二種情形

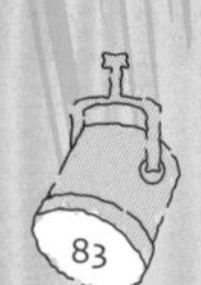

昨天我和波波爸坐在沙發上看奧斯卡頒獎典禮
乖乖妮也上來沙發陪！
2人1貓坐3人座沙發剛剛好！

廣告的時候.......

結果......波波爸立刻撲向
乖乖妮.....

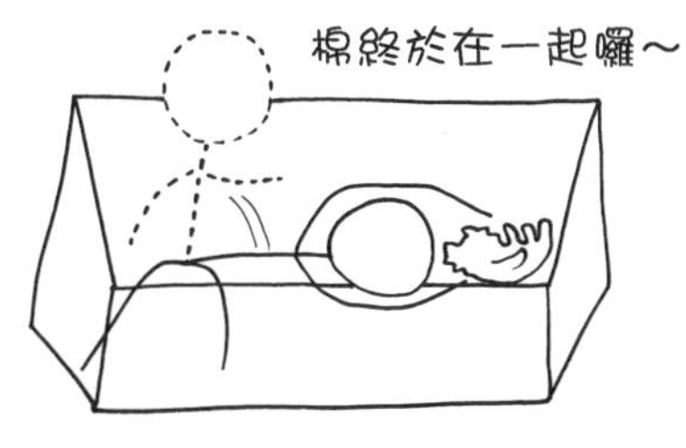

我在家裡到底算什麼？

女主角乖乖妮化妝室

統治地球

黑暗星球惡貓團團長（好長的名號 （￣△￣"））：哼哼哼（冷笑），愚蠢的地球人，我已經觀察你棉好久了。。。

我已經從長計議了十個多月！
想了好幾套吃人不吐骨頭的統治世界方法（舔舔舌頭）！

看我的厲害！

第一步：使出渾身解數發魅功
地球人～ㄅ（嬌嗔）～來嘛（靠一起）～一起睡～　　【耍心機】

第二步：使出渾身解數消耗地球糧食
地球人～ㄅ（奶人）～吃不夠～還要吃～　　【沒良心】

第三步：瞪大雙眼裝無辜
地球人～ㄣ（瞪大雙眼）～我什麼都不知道～我很善良～　　【假仙】

第四步：半夜壓壓讓地球人嘴破而不自知
後面的那位地球人～ㄣ（在棉被上踏踏）～不要再看書了～趕快躺平讓我壓壓。。。。
【愛情大騙子】

第五步：假裝配合取悅地球人
地球人～ㄣ（♥）～想照相？～好！沒問題～隨便你～　　【陽奉陰違】

只要確實執行這五個步驟！
哼哼（冷笑）
這位愚蠢的地球人就立刻把我當作皇后一樣奉養！（搖擺ing）

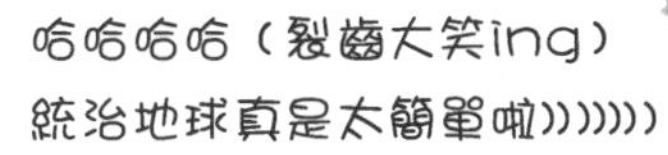

我也領到身份證了～

薇小拉：「乖乖妮～～～～哥哥已經拿到身份證了，換你來照個相吧！」

照相？！哎喲。。。麻泥來拍大頭照OK嗎？上次咪大哥拍的好像笨蛋。。。。（愈說愈小聲）

薇小拉：「安啦安啦～來，乖，泥先整理一下服裝儀容吧」

喔。。。好吧。。。（非常認真ing）

薇小拉：「真乖，女兒就是不一樣，會愛漂亮～～～好！那～～1。2。3。笑一個～～～」

中華民國國民身分證
樣本
姓名 乖乖妮
出生年月日 民國 88 年 1 月 23 日
發證日期 民國 95 年 2 月 8 日(新竹市)換發
性別 女
0001D0E80C

薇小拉：「乖乖妮。。。ㄜ。。。泥好投入喔。。。哈哈，原來女兒也可以走搞笑路線。。。。|||||||」

我心目中的白雪公主

瞧！這澎澎鬆鬆的背影是誰的？

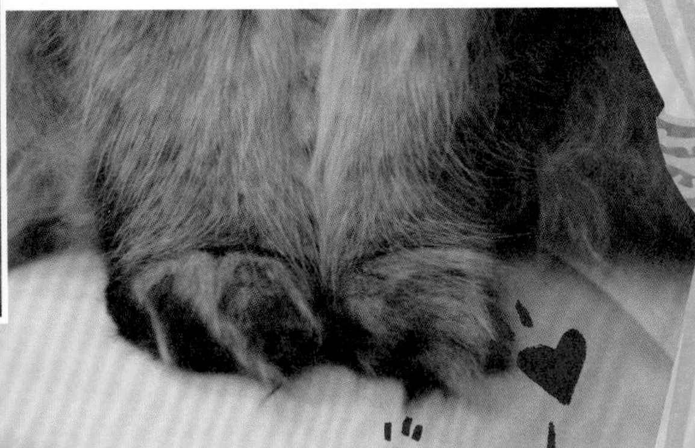

這秀氣乖巧的小腳是誰的？

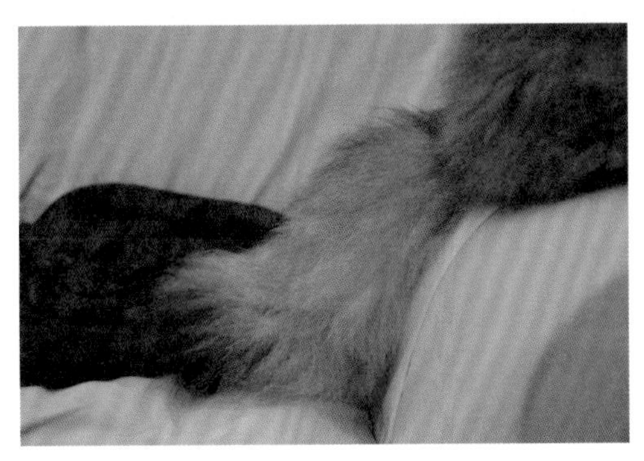

還有～這鬍鬚張，喔不是，是
紅拂女般的毛茸茸尾巴

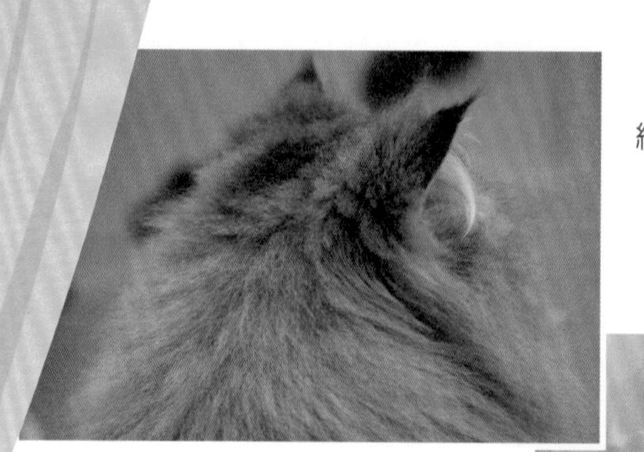

給人溫暖的後腦杓

超海派的胸毛

溫柔的眼神

即使嬌滴滴的低下頭有一點點屎臉

她都是我心目中的白雪公主！

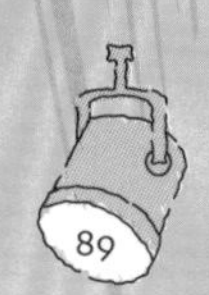

登台獻唱

今天玉女偶像屎臉亞希子第一次挑戰歌壇。。。

屎臉亞希子：「大。大。。。大家好。。。。我。。我。。。。我是乖乖。。乖乖乖乖妮～」

第一次站上大舞台演唱的屎臉亞希子非常緊張，講話也結結巴巴的

在唱歌前，屎臉亞希子深呼吸了一口～

接著便拉開喉嚨～～～～～

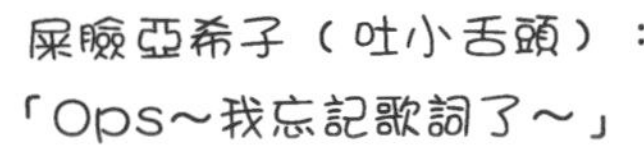

屎臉亞希子（吐小舌頭）：
「Ops～我忘記歌詞了～」

看來演員要跨行當歌手真滴不容易啊～～～

怎麼感覺差很多

呦呼～～乖乖妮～～乖乖妮～～～（吹口哨）～～～
帶著新造型～～～看這邊看這邊～～～～

麻～～～這樣真的好看嗎？
（怯生生）

好看好看！帶著領巾好可愛呢！來～我棉再換一個頭巾造型看看～～～～

一▽一|||||||||||　我的女兒怎麼變成開喜婆婆？？？？

哼丶～麻每次都破壞我形象～麻我不理你了（說完就走）

冤枉阿～～心肝寶貝～～～泥不要再屎臉瞪我啦

健身美體操

怎麼辦。。。最近毛愈來愈澎，看起來愈來愈胖了
可是魚柳、雞柳、肉條的誘惑我又抵擋不住
身為薇歐拉大戲院的第一女主角，我到底該怎麼fit身材呢？？？

還好我有報名潘若ロ教練的健身美體操！
我今天先來做地板運動好了！
ロロ教練說第一步是要先捲曲全身的warm up：

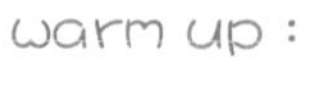

嗯～OK，只要躺好就好！下一步呢？
ロロ教練說第二步要釋放壓力的伸展全身：
看我的～啊))))))))))))))))))))))))))

配合吐納，果然如DD教練說的，感覺到壓力都被釋放了！！！

DD教練說第三步是仰臥起坐sit up：

啊)))))))))))啊))))))))))))))))))啊))))))))))))))))))))))))))))

DD教練～這一步學生我就坐不起來了(￣▽￣")

哎喲～～～運動這件事可真不容易～

讓人感到Orz的第三種情形

已經連續值一個禮拜早班的波波爸看起來很累......

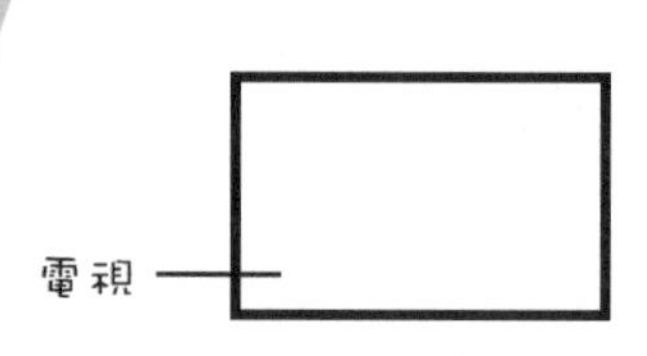

賢妻良母如我便十分心疼的
直勸快去休息吧~

於是聽完老婆的話，波波爸立刻把乖乖妮抱起來！

威！臉紅個什麼勁！

阿喏~這也算休息？

男主角波波招待所

坎坷的童星生涯

我要進演藝圈！

從小我就立定要走演藝圈這條路，所以在我還只有4個月的時候，爸爸媽媽就帶我參加由伴侶動物研究訊息中心舉辦的「童星訓練班」（註：是第三屆CARIC幼犬幼稚園啦。。。。）

這個童星訓練班是只招收2～4個月的小朋友，在報名的時候，媽媽還拍拍胸脯說還好我剛好符合4個月大的資格，然後才上課的第一週，因為我一看到其他同學就非常興奮，還不小心露出小口紅（羞），結果上課的老師從我已經在換乳齒判斷。。。。其實我已經至少7-8個月囉～～～

媽媽說要帶我去上課！

其實但這不是媽媽要謊報我的年齡，因為爸爸跟媽媽也受到了不少的震撼，畢竟我的年紀和寵物店的3個月說法有很大的出入。。。。不過還好，老師仍然答應讓我破格參加訓練班。

可惜好景不長，我才進入了第三週的課程，竟然就開始在眼睛、嘴巴、頭頂的地方開始掉毛，一開始媽媽還以為只是黴菌感染，可是掉毛不到一個禮拜，我的禿毛處就開始冒血，這時爸媽開始非常的手足無措了。。。。。

喵～小個子～泥好阿～

波波

最後媽媽趕緊帶我去看醫師，從醫師的顯微鏡裡診斷，我得的是毛囊蟲！

我掉毛了。。。。

所以接下來其實我沒有辦法把訓練課程上完，因為我的掉毛與冒血的區域愈來愈多，所以媽媽認為我最重要的功課就是對抗毛囊蟲！這段發病的期間，我的毛囊蟲狀況時好時壞，有時在醫師那邊拿了洗澡的藥，洗完後似乎暫時不再流血，可是過沒幾天，竟然從腳指頭會冒出血泡，所以再換個醫師，這次換成吃藥控制，但是因為吃了藥會抑制我的食慾，所以我的身形開始消瘦，爸爸和媽媽時常以淚洗面。。。。

就這樣我的病情很難控制，有時天氣不好下了幾天的雨，那我的毛囊蟲就會開始大量繁殖，我又會開始冒血，有時後看到爸爸和媽媽低落的心情，我都會打起精神向他們說：帶我出去走走～帶我出去走走，直到某一次媽媽帶我到附近散步的時候，我終於忍不住難受，就趴在地上走不動了。。。。這時沒想到平時看起來蠻沒力的媽媽，竟然如女超人附身般的把我從

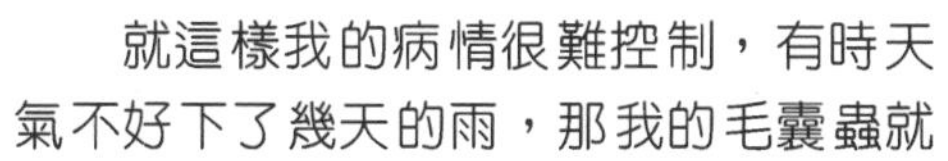

雖然最後我沒有體力參加完所有的訓練課程，可是～YA～媽媽還是有帶我參加畢業典禮！

媽媽～我又讓泥擔心了，對不起阿～

地上抱起走回家休息，一段路我好像還聽到媽媽不停的吸鼻涕和嘴裡發出「嗚嗚噎噎」的聲音，哎呦～我的童星生涯真的很坎坷阿。。。。

【寫給波波的一封信】

親愛的波波寶貝：
你的毛囊蟲這幾天又開始發作了
媽媽知道這一次你一定很不舒服，因爲你那
最驕傲的柴犬立耳也痛的垂了下來
媽媽和把拔的心也彷彿針刺的難過。。。。
想想這半年以來，你眞的是忍受了相當大的折磨
每個禮拜都得到醫生杯杯那邊報到
每天吃的藥都快比乾乾還多，每個禮拜的藥浴也少不了
但是你的毛囊蟲還是沒有完全根治過
現在，把拔甚至連很多偏方，像是硫磺水、倒刯、牛豬安、沙威隆，能試的都試了
但是你的毛囊蟲還是又發作了
不過這不是你的錯～波波寶貝！
媽媽讚你勇敢，疼你乖巧，這次我們還是勾勾手一起努力
我們不要被毛囊蟲打敗囉！

我最勇敢的
波波寶貝

波波・波仔・阿波・小波，你永遠都是我們的乖波波
加油喔，乾乾還是要多吃一點才會有體力
你最棒，媽媽疼你阿！乖仔！

祝你 早日康復喔！

最愛你的 媽媽
2005.7.10

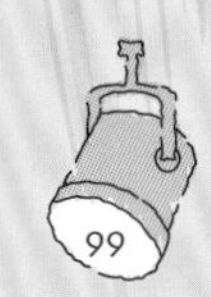

最大的挫折

等一下啦，把拔你很詐耶....我還沒準備好，我沒看鏡頭啦....

好好好，那我們再來一次喔

嘿嘿，各位姨姨叔叔，有沒有被我的電眼跟微笑給迷到阿?汪！

【以上是波波三月初毛囊蟲症狀較輕微的照片】

那天在我連走路的力氣也沒有後，媽媽等爸爸回來便決定再帶我去一家媽媽朋友介紹的獸醫院，在騎車的路上我還是很開心的在腳踏墊東張西望，可是不知道是不是因為我臉上的傷口太可怕，一路上很多騎車的叔叔姨姨都以非常害怕和懷疑的眼光看著我。。。。

騎了大概20幾分鐘，爸爸和媽媽帶我到了這家獸醫院了，算一算為了治療我的毛囊蟲，我已經前前後後換了4個醫師，好啦，再來試試看這第5個醫師有什麼本事吧！

一如平常進入診療室（反正每一家醫院的診療室就都長的一樣，都是一張桌子嘛～～～），因為我的臉上不斷流血，所以搞的我好癢喔，所以我又忍不住的東甩西甩，媽媽說真像血濺十里洋場的感覺。。。這次的醫師看了看我，便開始和爸爸媽媽溝通，原來毛囊蟲這種疾病真的不容易治療阿，而且很容易復發，所以隱約中，我好像聽到醫師跟爸爸媽媽說可以考慮人道治療。。。。奇怪，我不是狗嗎？為什麼要"人"道治療？我本來想問媽媽的，可是我發現媽媽的鼻子紅紅的，眼睛腫腫的，所以我想還是別再給他惹麻煩吧，誰叫我就是這樣一個體貼的小狗呢　汪！

這一陣子我都是以哈利波特的閃電mark做我的造型！

這次在騎回家的路上，爸爸和媽媽隔著安全帽大聲的激烈對話，意思好像是說怎麼剛剛的醫師連手也不肯觸診一下，都沒有做顯微鏡確認，怎麼就直接宣布死刑。。。哇塞，好恐怖喔，死刑耶，不曉得是誰被宣布喔。。。爸爸和媽媽接著先送了我回家，然後又出了門，再過了半個多小時回來後他們手上多了好多瓶瓶罐罐喔！

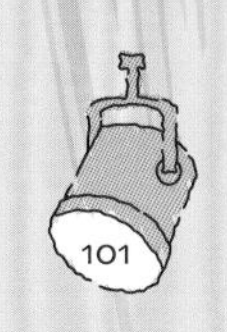

讓我來看看喔。。。白藥水？食鹽水？撒布粉？紗布？耶？這些是幹什麼的嗎？媽媽？

【寫給波波的一封信】

親愛的波波：

前天晚上，我們又帶了你去看另一個醫生杯杯，算一算，這是第五個醫生了。。。

這次你又爆血，眞的是給了媽媽跟爸爸一個很大的啓示～

就是爸爸和媽媽如果沒有本事讓你康復，那至少在你狗生之中的每一天，爸爸和媽媽都要保證你是快樂並且充滿被愛著。

你的毛囊蟲一次比一次還快發病，一次比一次還嚴重

尤其這次的醫師竟然很隨便的打發我們，那你放心，爸爸和媽媽還是不會放棄的！

這一次，爸爸和媽媽幫你到藥局買了食鹽水、白藥水，還有類似雲南白藥的撒布粉跟紗布

這樣你的傷口爸爸和媽媽會先用食鹽水和白藥水消毒，接著我們塗點撒布粉來減少組織液發炎，然後再用紗布包一包，波波你最乖了，我相信你一定會配合爸爸和媽媽的方法，對不對？

以前媽媽都不肯讓你們吃罐罐，因爲據說這樣對牙齒不好，容易有牙結石，可是媽媽現在覺得，只要你喜歡，現在就多寵寵你，又有什麼關係？

只要你能活得快樂～媽媽願意放下所有的堅持！

只要你也和我一樣不放棄～媽媽願意給予所有的努力！

波波，波仔，阿波～沒關係，不煩不痛，媽媽疼你陪你！

我們一起加油！

最愛你的 媽媽

2005.7.13

狗生的轉捩點

我要去看第6個醫師了。。。。。

這次在爸爸和媽媽的自我醫護治療下，我流血的傷口雖然逐漸結痂，但是一些新的傷口仍舊又從指尖、臉頰爆出，所以媽媽一直認為一定是真正的病因還沒找到。。。。

因此媽媽想起我在「童星訓練班」認識的戴醫師，便決定再讓我到台中再試試看！

這一次在戴醫師這邊，我除了免不了的拔毛顯微鏡觀察外，戴醫師竟然還抽我血，還好我也是男子漢大丈夫，也是眼睛一閉嘴巴一咬的給他們抽。。。。接著戴醫師便先說明了初步的檢驗結果。。。。原來我的紅血球造血功能欠佳，不到正常指數的一半，媽媽當場落淚，自責不已

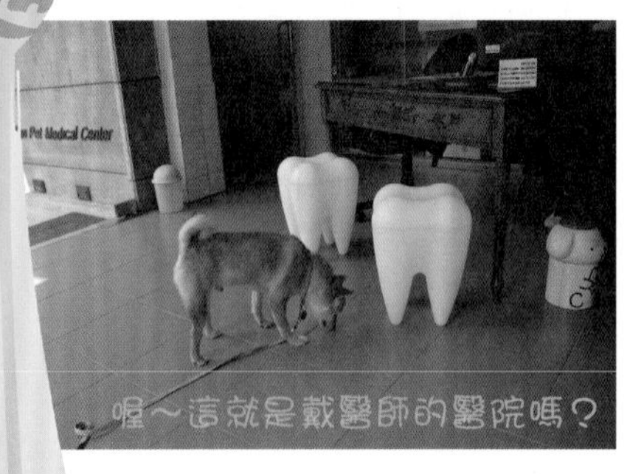

喔～這就是戴醫師的醫院嗎？

但是我只用最深情的眼神望著她，希望媽媽瞭解，這是我的命運，但是我不會低頭的！

接著隔了幾天，另一位黃醫師特別打電話跟媽媽說我的免疫系統報告也出來了！原來是我的甲狀腺功能不全，所以造成免疫系統毫無抵抗能力，因此我體內的毛囊蟲非常容易大量繁殖而引起爆血。。。。

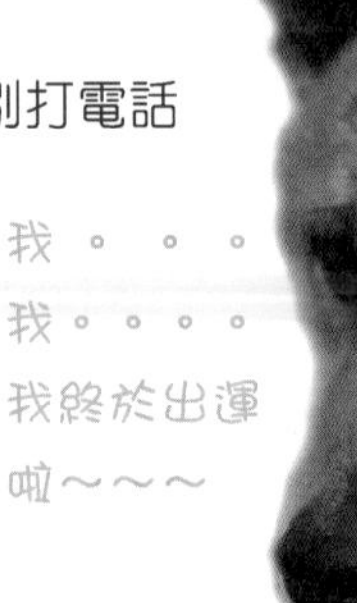

我。。。
我。。。。
我終於出運啦～～～

從我去年五月第一次發病，終

於在一年多後，經歷了6個醫師，我終於找出了引起毛囊蟲的真正原因了。。。。。。

從此甲狀腺素就成了我每天飯前的必備良藥

但很神奇的是，自從我開始服用甲狀腺素以後，毛囊蟲的爆血狀況果然減少很多，接著甚至受到控制，二個月後，我終於第一次恢復了往日帥氣的模樣！

矮由～鼻要在歐漏了

～我會不好意思啦～

少男的矜持

我有一個乾哥叫罵丸，是小鞭乾爹的愛子，在我才五個多月大還在唸幼稚園的時候，我第一次去找罵丸哥！那時罵丸哥一口就可以把我含住。。。。

所以我很低級，我就開始猛攻罵丸哥的腳，把罵丸哥咬的該該叫。。。。罵丸哥一直是我的偶像，因為罵丸哥雄壯威武，是柴犬中的極品，我好希望和他一樣帥！！現在我也11.6公斤了，好想再去和罵丸哥會會面！這一次，我不會只咬腳了。。。。

你很低級耶…哪能咬腳…（痛）

低頭不理，繼續啃

嗯～討厭～你不要亂摸啦～

玩到最後，我的身上都是罵丸哥的口水。。。

阿波的新年文告

好像每年的新年，國家的領導人物都要來一場新年文告

這個元旦不來湊個熱鬧是不行的。。。。

我誰?!我阿波耶!

2006年1月1日的元旦那天，經紀人帶我到新竹的十八尖山發表元旦談話

阿～～～久違的陽光～～～和我的陽光笑容真是搭配阿!!!

因為我也算是本戲院的台柱之一
所以總裁波波爸也陪我出外景

沿路上我還聽到粉絲讚我帥氣、英挺哎呦～本狗生性低調。。。可是聽了還是暗爽在心裡

我真是太帥了!!!

好了！我要發表正式的元旦談話了。。。。。

各位親愛的鄉親同胞，汪：

阿波首先要對過去一年來，各位粉絲對我棉大戲院的支持與鼓勵表達最高的敬意。

回顧2005年，即使有淚水、有悲傷、有快樂、有感動～

雖然我棉的兩岸關係依舊緊張。。。。。

但是我棉一定要充滿信心！總有一天會相親相愛的！

（相親相愛示意圖）

展望2006年，希望大家都跟我一樣，健步如飛、一飛沖天～～～

好啦，我阿波呔話少說，祝大家～～

新年快樂喔～～～

阿波（蓋上狗掌）

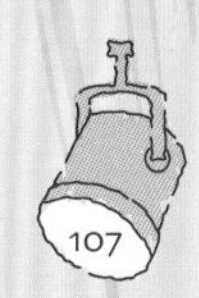

海狗陸戰隊（上集）

二等兵波波

唉～當兵好無聊喔～～拉單槓、跑五萬公里、打靶對我來說都好簡單。。。

不曉得我棉軍狗中的最高的榮譽是什麼？？好想挑戰看看喔～～～

海軍陸戰隊總司令（黑丸飾）

二等兵波波～我聽到了泥的困擾了。。（挑眉微笑ing）

其實從泥入伍的表現我
就非常看好泥！

能夠加入海狗特種
部隊可是我棉軍狗
中的最高榮譽！別
考慮了！來加入我
棉吧！（燦爛笑容
ing）

（奮力站起）Yes Sir！
二等兵波波願意加入海
狗特種部隊！

哈哈哈哈。。。又騙到一
個笨蛋了。。。。噗

但是由於海狗陸戰隊的訓練是非常的艱辛
任務也是非常的困難
罵丸總司令也對二等兵波波不是很有信心
因此罵丸便決定派出通訊官ＰＩＮＫＹ跟
著波波的腳步前往海狗陸戰隊訓練中心
並且隨時回報波波的狀況。。。。

通訊官ＰＩＮＫＹ～快跟著波波的腳步前往海狗陸戰隊訓練中心吧！

通訊官PINKY

記得，要隨時回報波波的狀況給我知道！

阿娘威～海狗陸戰隊的新訓中心環境很惡劣耶。。。我鼻要企啦，我要跟總司令一起吹冷氣就好了啦～～～

但是在軍中要嘴皮是迷有用的。。。。

叫泥企泥就企啦！！！！（咬）

阿～～～是是是，我企我企～～

就這樣，二等兵波波加入了海狗特種部隊，開始了各式艱辛的海上偵察訓練
而通訊官ＰＩＮＫＹ也跟著波波溜近海狗特種部隊中
但是究竟波波能不能順利地從海狗特種部隊結業呢？
且讓我棉拭目以待。。。。。

海狗陸戰隊（下集）

【前集提要】二等兵波波在窮極無聊之下，再加上受到黑丸燦爛笑容的夾攻之後，燃起熊熊的愛家愛國之心，傻傻的加入了海狗陸戰隊。。。。

話說傻波加入海狗之後，由於是由陸軍轉到海軍，一切都必須由新兵開始訓練，收拾行囊，由爸爸和媽媽親自送到海狗陸戰隊的大本營～〝白沙灣新兵中心〞去啦。（白沙灣，位於台灣的北部，是海狗們的榮譽之地也是許多海狗的傷心地，其訓練之嚴苛，非文字可以描述）

本集正式開始。。。。。。。（燈光慢慢暗下）

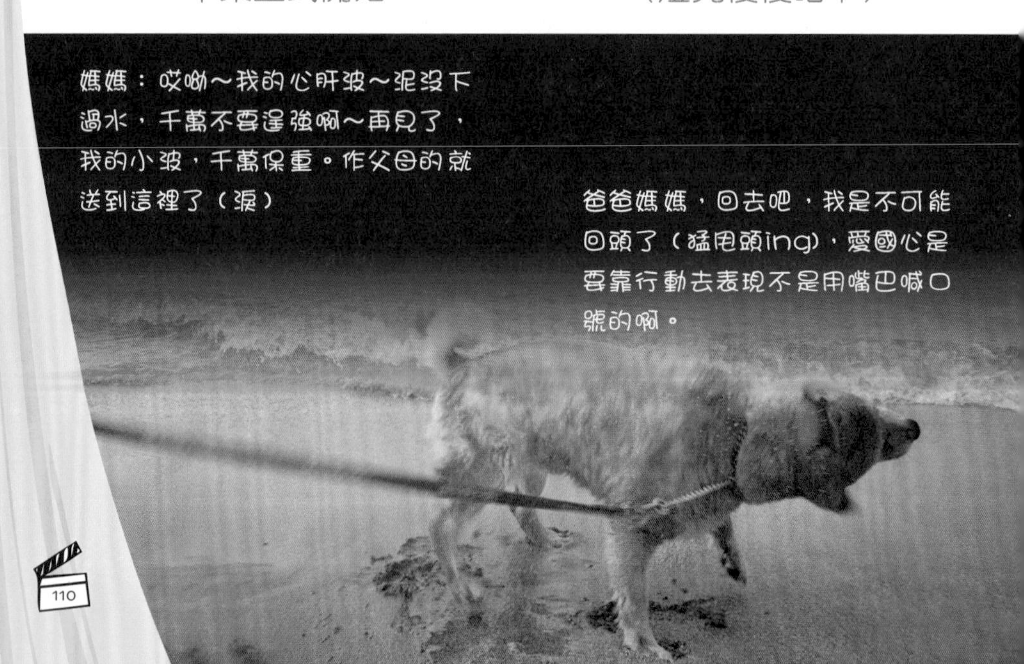

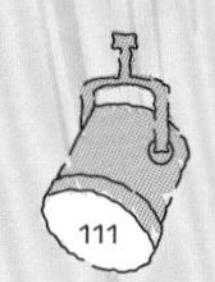

這廂難過的媽媽正在拭淚，那廂熱愛照相的爸爸卻。。。。

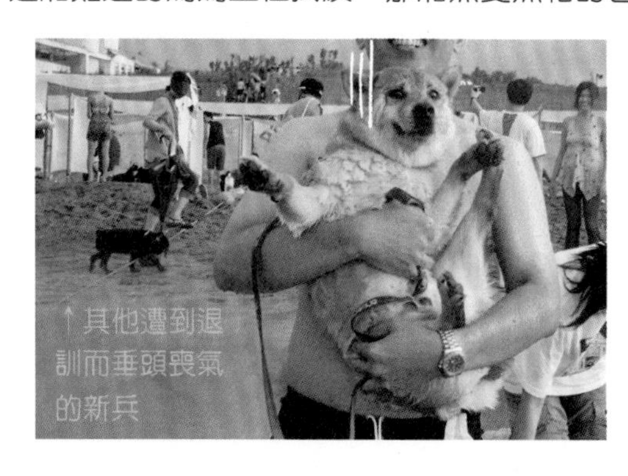
↑其他遭到退訓而垂頭喪氣的新兵

爸爸：來來來～我的小波波～我棉來照一張照片到此一遊

爸爸～～～快把我放下～～～我會不好意思啦～～～

由於有緊急任務當前，必須快速訓練新兵出任務到敵方放置地雷
可是，罵丸總司令又只拐到這個傻波。。。沒辦法，國家就靠他了
時間不等狗，波波只能在一個小時內，學會所有海狗的技能，並深入敵營、安全歸來
任務如果失敗，「嘻哎A」也是不會承認任何事情的，當然也不會有任何營救行動。。。。

一開始，面對十五級大浪的恐懼是新海狗們所必須面對的。只是，這次沒有同伴，只有傻波自己。

天啊，好大的浪，沒關係，我一定會克服的。。。。

只是。。。沒想到。。。　　(￣▽￣")

挖靠。。。。水好深。。。。救狗啊。。。噗嚕噗嚕噗嚕（←喝水聲）

還好不愧是在陸軍有英勇表現的波波，沒多久，便克服恐懼，開始體驗海泳的刺激了

最後右上角有一位帥氣的教官（超帥）

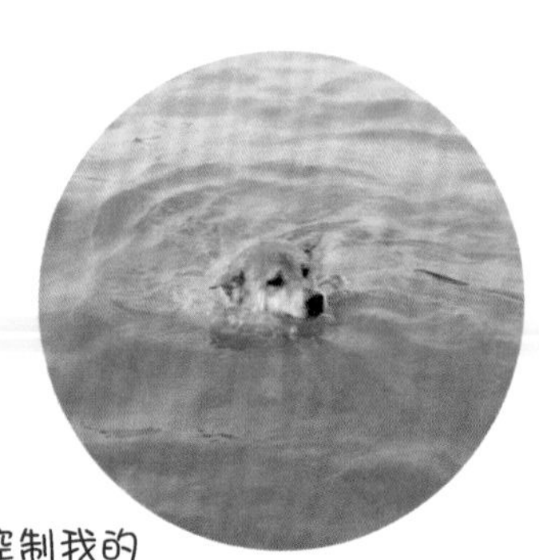

報告教官！我完全可以控制我的游泳技巧了，看我的轉身！

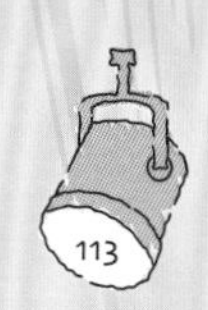

教官：恩，波波二等兵，你的學習能力相當強，很不幸我必須告訴你，五分鐘後你就必須出任務到對岸安置地雷，以免未來敵軍發動戰爭時快速登陸，你的任務非常重要，國家就靠你了。

波波二等兵就這麼孤單的一隻海狗，背負常人所不能背負的壓力，出發前往對岸

快看！二等兵波波的目光是多麼的炯炯有神！神情是多麼的泰然堅定！（好！以下開放粉絲10分鐘尖叫時間～～啊～～～←媽媽率先尖叫ing）

漫漫旅程，孤單一狗，心事誰狗知啊！

爸爸、媽媽，還有我的愛人（還沒找到）、我的同胞！我不會辜負大家的期望的。。。（小短腿努力划水ing）

就這樣經過一整夜不停的游泳，波波終於狗不知狗不覺的潛入敵軍！

哇～我要趕快安置好教官交代的地雷

（應該不會有人真的想看地雷吧　＝＝＋）

安好地雷之後，趁天色微亮，波波又趕快朝著白沙灣游回。。。。

最後！二等兵波波終於安全的回到白沙灣，沿岸美麗的陽光與歡呼的群衆不停止的為波波喝采！

媽媽也等不及衝下水去擁抱他。。。。

媽媽：喔～我的心肝波～媽媽好想泥阿～～

媽媽～我很厲害吧～而且我鐵狗運功散都還沒吃完任務就完成了！！！！

媽媽：（嗚嗚嗚 熱淚盈框）

～（完）～

導演的貼心叮嚀：故事中波波的"地雷"我棉會撿起來，也希望所有的狗爸狗媽都不要忘了這個小小的禮儀動作喔！！

三大巨星經典好戲

端午節巨獻～白蛇傳

話說有天…許咪正在路上打盹的時候…

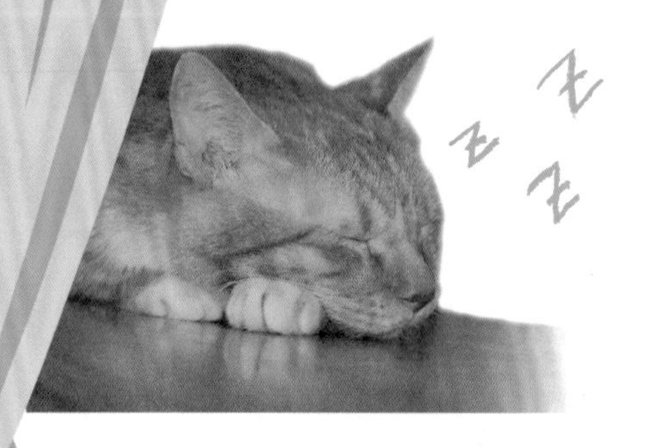

好香！莫非…有辣妹經過？！

許咪正眼一瞧～呦～不遠處果真有位貌美如仙的女子…

這時剛好下起雨來…

天助我也！

於是，許咪打算使出把妹第29招～『共邀撐傘』

雨正大，小生姓許名咪，敢問小姐芳名？不如我們共撐把傘吧…

我叫白妮…

兩人互生愛慕之意，便相許結為夫妻…

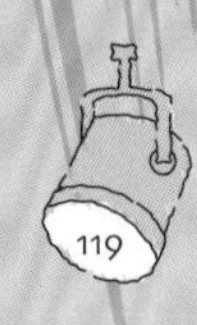

哪知婚後白妮不但好吃懶做

而且還變本加厲，婚前的婉約模樣彷彿天方夜譚

許咪對此感到相當難堪…

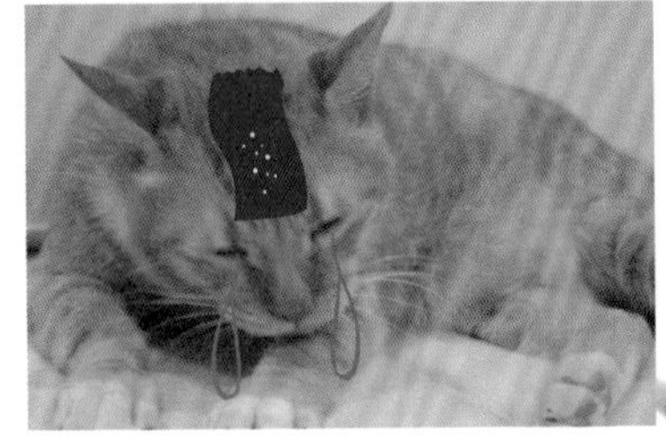

嗚嗚嗚
白娘子哪A安奶？

這不是白娘子

這不是白娘子

某天，許咪在路上打滾時，遇到一位道號法波的和尚…

我佛慈悲，這位施主您印堂發黑，家裡必有妖孽！

接著法波便交給許咪一個缽盂，要許咪回家後把缽盂罩在白妮頭上…
便可使白妮現出原形

臭許咪，叫你去買個醬油買
那麼久，你到哪鬼混？

娘子…我在路上買了頂缽盂…
喔，是帽子要給你

許咪一臉驚恐的將法波
給的缽盂拿出…

還不趕快拿
來給我戴戴
看！

靠夭…這是什麼芭樂帽
…頭好重…

搖搖晃晃

搖搖晃晃

白妮一戴上缽盂，便開始頭暈目眩

哇)))))

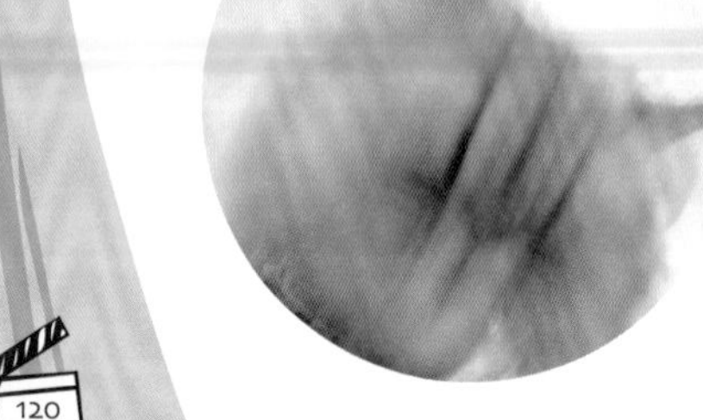

果然不到一炷香的時間…
白妮就開始變了

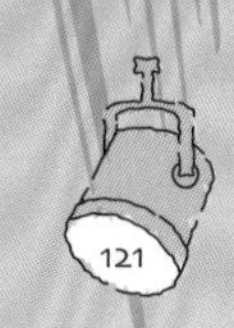

就這樣，白妮在許咪面前幻化為一條白蛇了！

到了雷峰寺，看到法波頂著一個大光頭一臉白目，許咪不覺怒火中燒！

臭法波，我們貓本來就好吃懶做，你怎麼把我老婆變成蛇，害我很無聊耶，不管啦，還我老婆…

嘻皮笑臉

我佛慈悲，帥哥你來啦…你老婆被我壓在雷峰塔下喔！

不到一回合的纏鬥，法波就敗陣下來

法波在臨去之前，丟下了一句話給許咪…

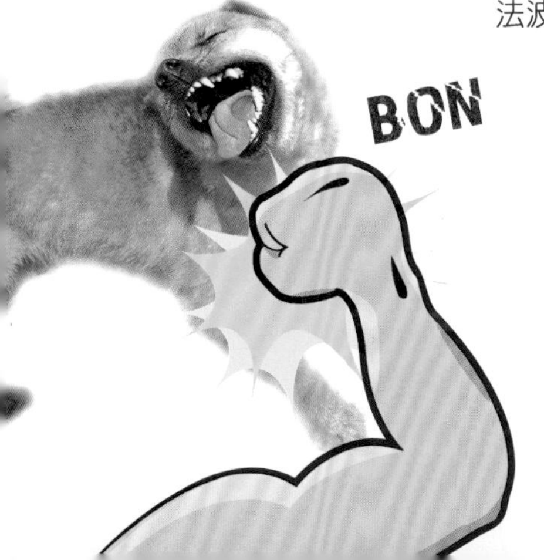

西湖水乾，
江湖不起。
雷峰塔倒，
白蛇出世。
老衲這樣說
你懂了吧…

許咪望著被壓在雷峰塔下的白妮，
心中非常的不捨…

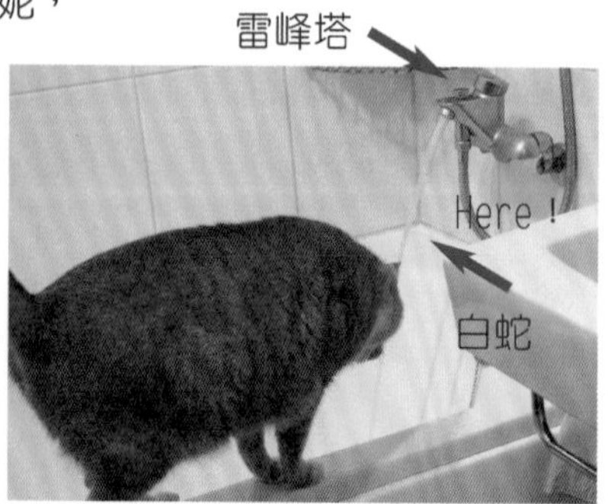

白娘子，你說說話啊，不要只會嘩啦嘩啦，我聽不懂啊…

許咪口中不斷唸著法波離去前最後的一首詩…

西湖水乾，
江湖不起。
雷峰塔倒，
白蛇出世。

靠夭，根本不知道這是什麼意思～塗！>"<凸

許咪相當沒有耐心

但為了心愛的娘子，
許咪還是靜下心…

等等…西湖水乾…雷峰塔倒…難道是說…

似乎有所參悟的許咪，立刻
跑去狂喝西湖的水…

壓
~用力~
壓

接著又用自己略為笨重的身
軀，終於把雷峰塔給壓平
了！

雷峰塔

經過這樣的努力…究竟白妮會不會回
來呢？？許咪立刻回頭一看…

白妮~您回來啦

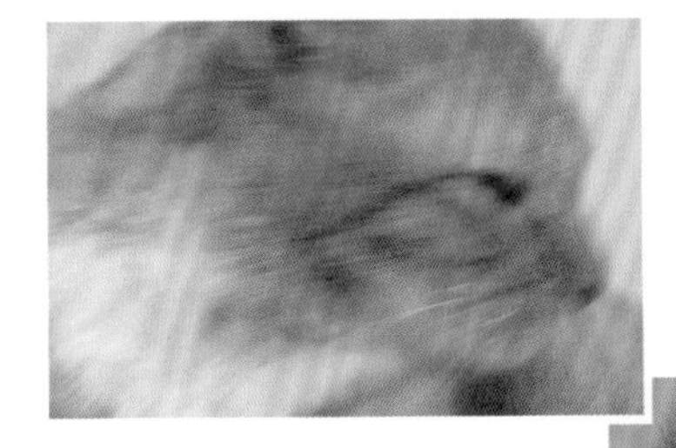

白妮~您終於回來啦

喔…麥肉(my love)…

被壓在雷峰塔下的白妮看起來
相當虛弱…

我怎麼了…

許咪立刻趕緊扶起剛恢復意識的白妮，準備逃離這恐怖的雷峰塔…

娘子…走這邊，我們回家吧…

這裡是哪裡？

回到家中後…

臭許咪…家裡為什麼那麼亂…

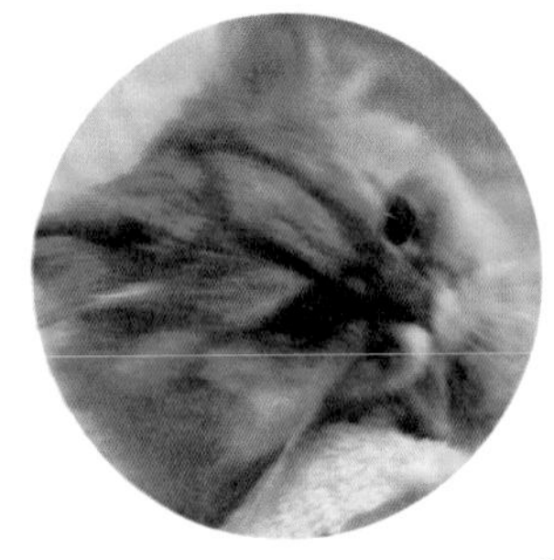

敢頂嘴，看我不修理你！

肚子餓死了，臭許咪還不去買吃的！

煩死了天天見面，不想理你啦…

面對這樣的悍妻，許咪卻…

就這樣，許咪和白妮的故事，在每年的五月初五端午節，還是會永遠的流傳下去……………（完）

父親的背影

那天在薇歐拉大戲院的後台，為了某個即將到來的節日三大巨星正在進行秘密會商…

下星期一就是父親節了，想想把拔也蠻疼我們的，我們是不是該安排什麼活動來慶祝一下？

父親節啊…好吧好吧～那我那天就不哈把拔、不堵把拔的路，可以嗎？

威！這位大哥！不哈把拔、不堵路是基本的禮儀好不好！

把拔每天不辭辛苦的把屎把尿，咪大哥！波小弟！不如這樣吧！我們來安排演出一場舞台劇，讓把拔開心開心！好不好？！

就這樣，咪咪、乖乖妮、波波決定演出一齣出自朱自清筆下，最能代表父愛的『背影』舞台劇

嗒～我們先來決定誰要演『背影』！

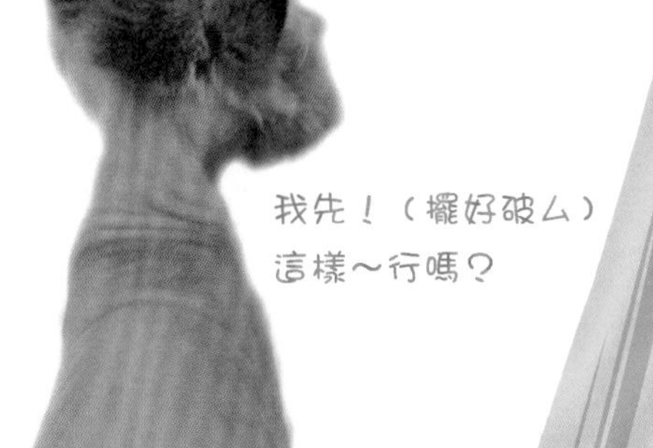

我先！（擺好破ㄙ）這樣～行嗎？

哈哈哈，不行啦，你那樣很
像糟老頭耶

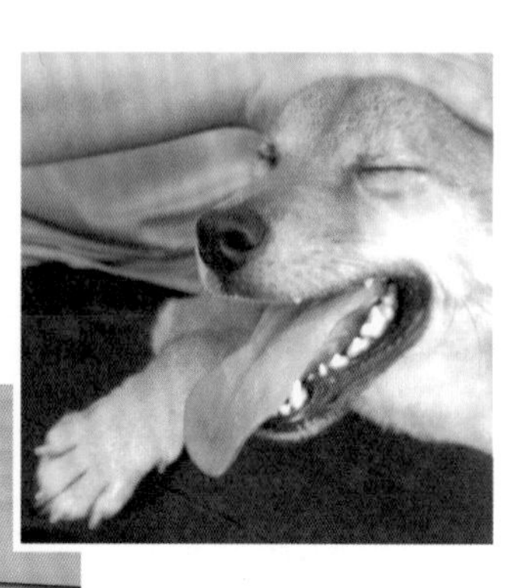

讓開！我來！
（擺好破ㄙ）

咪大哥，不行啦
你這樣是『屁影』！

拜託！我來！
（擺好破ㄙ）

笑屎貓，你太瘦了
啦！感覺不對啦！

凱特家的謝球球

汪！我可以試試看
嗎？（擺好破ㄙ）

演的真好…
不行啦，謝球球，你不要過來
搶戲啦！

就這樣，一直到截稿為止，薇歐拉大戲院的後台
仍舊鬧哄哄吵成一片…
至於究竟是誰能主演『背影』的父親角色呢？？
且讓我們拭目以待吧…

嫦 波奔月慶中秋

相傳遠古時，有十個太陽一起升空，烤焦了所有貓草，使民不聊生…

哇～十個太陽，我又全身都是毛，好熱啊))))

太陽

后咪眼見百姓受苦，決心要有一番作為！

十個太陽這麼大，都沒貓草吃，太可惡了！

后咪為救百姓，用小貓手帕拍下九個太陽，貓族們才得安居樂業睡到飽…

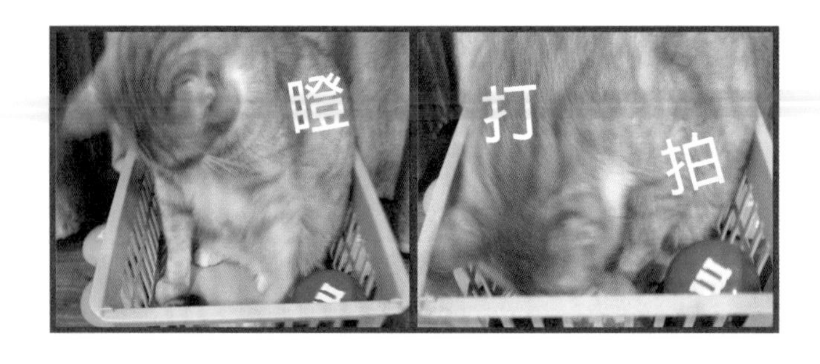

十個太陽乃天帝之子，天帝一怒便將后咪與嫦波貶下凡間，西王母很同情后咪的遭遇，就把仙丹送給后咪

王母娘娘牌
大力仙丹

但嫦波起了私心…

肚子餓好想粗

仙丹

考
考
考
考

管他的，先
粗再說

后咪回來發現仙丹不見了！！！！

驚

我的仙丹怎麼不見
了？那A安捏？

后咪立刻去找嫦波質問！

少了仙丹該如何是好！
難道枕邊人陷害我？

嚼

嚼

嫦波眼見后咪怒氣沖沖，只得笑臉賠罪
但嘴裡卻還嚼著仙丹

阿拿打你來啦

燒水放好啦，那我先去洗喔！
等會兒趕快過來喔！

結果偷吃后咪仙丹的嫦波，身體竟然........

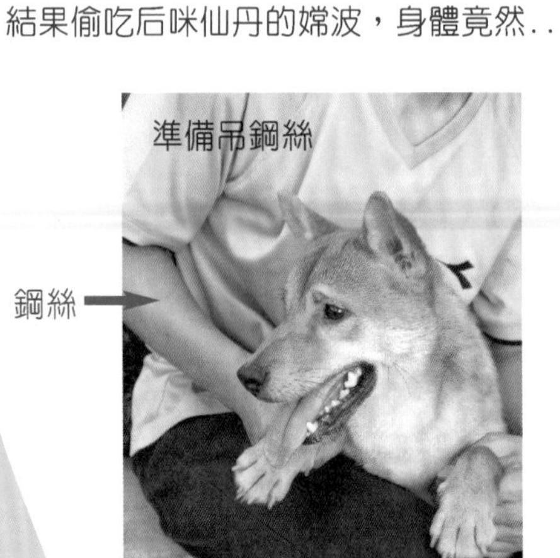

鋼絲

飛上天

咻

咻

咻

嫦波到了天庭怕受衆仙取笑，只好奔往月亮，
成了廣寒宮主…

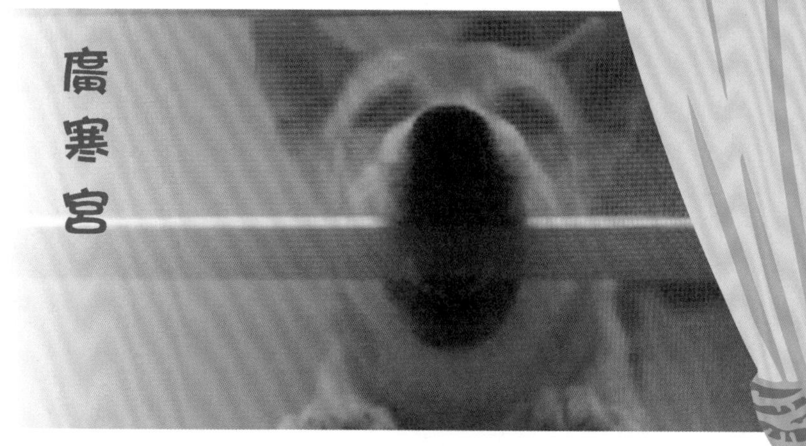

后咪（吶喊）～我錯了)))))

相傳嫦波奔月恰是八月十五日，於是後人便在
每年的八月十五日祭月…

嗚嗚嗚…嫦波…你偷吃的
是我的減肥丸啦…ㄧ.ㄧ||

聖誕節的由來

齁

咪大哥～醒醒阿～
馬麻要說故事耶！

齁

喵的咧！故事最好是好
笑，不然我就開飛機…

～明察秋毫～

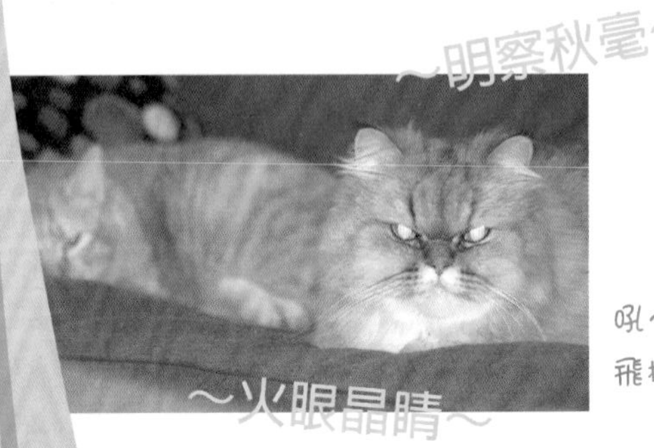

～火眼晶睛～

吼～泥沒事也都在開
飛機… = =+

從前從前…
有一隻小狗叫阿金…
因為身體不好長得醜，所以受到同儕的排擠

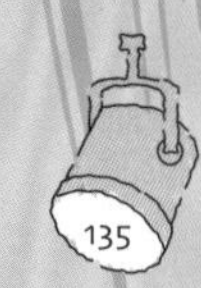

醜八怪～左閃！

阿金

趕緊落跑～～～

哈哈哈，阿金泥
身體好爛喔！

但是這位小朋友的父親卻從
不放棄…

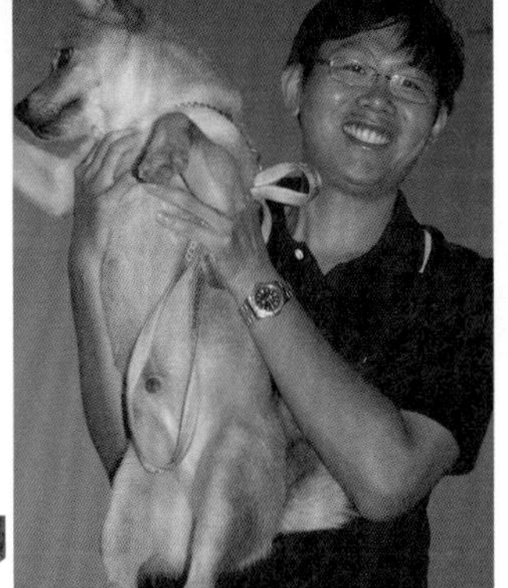

兒子～沒事的～泥一定
會康復的！把拔陪泥～

帶著他四處就醫…

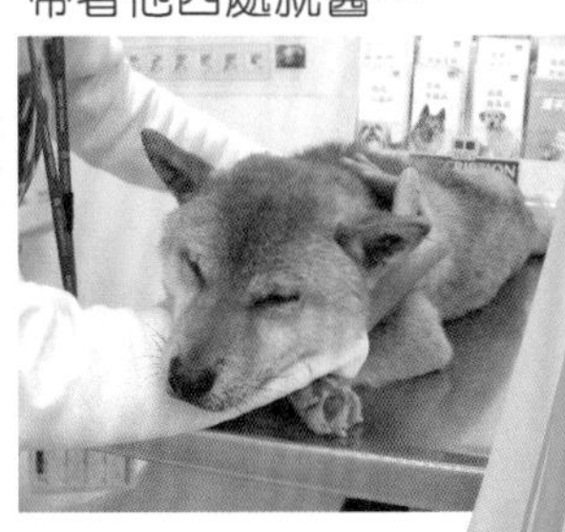

沒想到，就在一年
後，12月25日的前
夕

奇蹟

出現了…

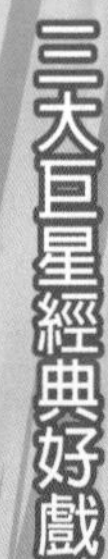

一年前，還髒髒、黃黃、臭臭的阿金
竟然脫胎換骨～～～～～

大家都不敢相信…

從此，阿金就和他的爸爸過
著幸福快著的日子

為了表示對阿金爸爸如此愛子的敬意
大家就選在12月25日齊聚一堂
一同歡唱～～～

～（完）～

比魔戒還好看的『魔盃』上映了！

【前集提要】為了摧毀比魔戒還大顆、還邪惡的魔盃，佛羅咪和山妮總算抵達了末日山岩！想要走到最後一步，佛羅咪必須付出最大能量和意志力，不過還好始終有山妮陪在一旁。。。。

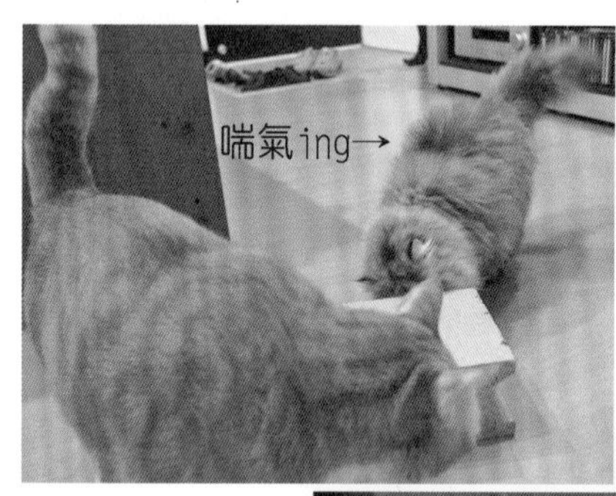

佛羅咪～快！
我們趕快來摧毀他！

靠夭！
這麼大顆的魔盃
快重壓我了…

反悔ing→

什麼！真的要摧毀…

對！一定要的阿！

。。。。。。

喔喔喔～
我捨不得阿～～～

經不起誘惑的佛羅咪。。。

我…我…
我想擁有他！

（對！我想擁有他！）

我不管！
魔盃是我的！！！

泥左開啦～～～～

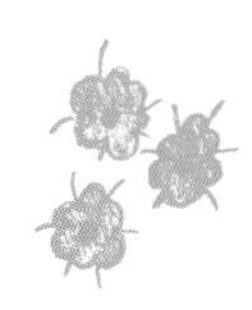

一時刀光劍影，驚天動地（請大家自行配合左右搖晃，製造動作效果）

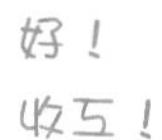

～（完）～

不神秘滴大衛魔術！

為了感謝乖乖妮跟咪寶這一年以來，對於大戲院公演無怨無悔的支持！

啫～這3個籐籃一組，大的跟中的剛好給咪咪跟乖乖妮用，小的我可以拿來裝化妝品，很佔捏～～～

小　　中

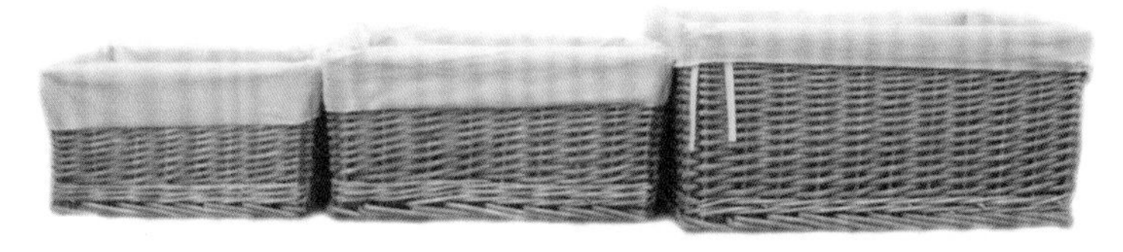

才一放在地上展示，乖乖妮就到大籃子湊熱鬧

而怕籐籃底下會扎到他棉，我還特別買了枕頭塞在下面增加柔軟度

麻～這次的禮物大小適中，我很喜歡喔～

每次買什麼東西，乖乖妮都最捧場了　哇哈哈哈

乖乖妮在大籃子裡面還顯得有很多空間

所以咪咪要進去絕對不是問題！

—▽—||||||||||

史上最難搞的小朋友，又不知道在想什麼了

想給我表演大衛魔術嗎？

麻～泥這次買的籃子
有點小耶。。。。

滿

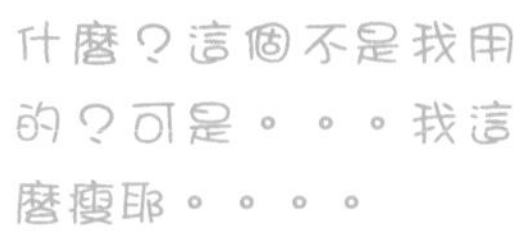

臭咪寶。。。泥最好是很瘦啦

我也不曉得那這次的諂媚算不算成功？
可是跟CATSPA、貓樹完全不屑一顧比起來
這次的貓床應該算是有一點點讓咪大王貓心大悅吧？

可是我還是想問～咪～這個小籐籃應該只塞
的下泥的尾巴吧

米奇與米妮的不美麗邂逅

Hi~米奇~
好久不見~

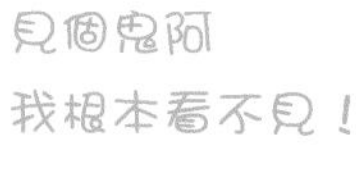

哎喲…
我剛剛好像太兇了~

I'm so sorry~
那不然我棉坐著聊聊好了

紅豆泥？！

來來來～～～
坐過企一點

靠！好丟臉！
緊酸～（快跑）

超貓選秀會

最近超女在大陸各地掀起一股熱潮而在台灣貓界，也正悄悄地展開〝超貓選秀會〞

各位親愛的朋友～
大家好！

我是一號參賽者乖乖妮，今天要為大家表演的歌曲是我自己的創作歌曲「無敵乖乖妮」

OK！預北北，阿one阿two阿one two three four～～～

乖乖妮 乖乖妮

謝謝大家~

接著我棉請評審咪寶為乖乖妮做個講評。。。。

一號參賽者乖乖妮唱的不錯。。。

很能掌握現場氣氛！

只有一個小缺點。。。

唱歌應該要像這樣…

不要咬麥克風的頭！

英雄不怕粗身低

咪寶因為從小身形龐大，動作笨拙，
總是被附近的小孩排擠。。。。

因此在咪寶幼小的心靈中，一直有一
個聲音迴盪在胸懷：
「等我長大，我一定要拜師學藝練輕
功，我一定要出頭天！！！！！」

我一定要出頭天！

也是機緣，也是巧合
咪寶竟然在上山的途中，看到了屎臉
派掌門人乖乖妮正在練功。。。

哈

赫

漂亮

給我看清此！

俐落

身手好

咻

在一旁的咪寶看得目瞪口呆，便希望能拜入屎臉派
並立刻親切的稱乖乖妮一聲『師父』！

阿娘威
東脩這麼大條
冒喜丫（賺到囉）

練武首重循序漸進，既然
咪寶不會輕功，乖乖妮便
先要求咪寶練下盤

師父～～～

但是。。。。
也許真因為身材限制，咪寶只肯
躺著練功。。。。

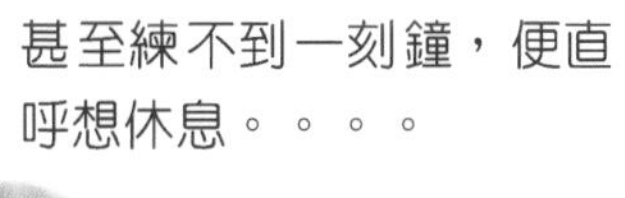

甚至練不到一刻鐘，便直
呼想休息。。。。

我再抓！

好累喔～
不想練～

攤在地上的麻糬
不肯起來！

在一旁愛徒心切的乖乖妮只得使出屎臉派第一式~
「把你巴醒」！

孽徒！
看我把你巴醒！

師父~不要打了~

嗚~

嗚~

嗚~

也是肯上進，咪寶馬上就跟
師父道歉

師父~我知道錯了~

但是乖乖妮為了讓咪寶痛定思痛。。。。

被乖乖妮巴醒的咪寶果然整個人脫胎換骨
每天都非常勤奮的練功

甚至練到太陽西下仍不肯休息。。。。

終於。。。有一天。。。。

哈！

咪寶終於學會屎臉派第二式～『你管我很沒力』，打敗了地心引力！

各位小朋友～
英雄不怕粗身低喔～～

看在一旁的師父眼裡，乖乖妮也覺得非常欣慰。。。。。

所以小朋友棉～英雄不怕"粗"身低，只要肯努力，一定會成功滴！
(本篇應該可以入選教育部小學生活倫理教材吧！！！)

英雄的悲哀

【前集提要】話說咪寶在成了屎臉派掌門人乖乖妮的得意門生之後，某日師父和徒兒一起上天山採雪蓮～～～～

嘿！看我的厲害！

結果一不小心，乖乖妮卻摔落山谷。。。。。
在一旁的咪寶看到師父摔落山谷之後，還強打精神安慰山下的師父：

師父～再撐下去～
徒兒快採到了！

由於技巧還不熟練，在經過一連串貓拳採果之後
雖然順利拍落雪蓮，但咪寶也跟著一起摔落山谷。。。

由於只要服用天山雪蓮就能立刻恢復精氣神
因此乖乖妮立刻跟咪寶說：

雖然咪寶下半身也受傷，但咪寶仍撐起上半身努力ing

但是經過數十分鐘的努力卻發現。。。。

~謝幕囉~
大戲院全體工作人員向留到最後
看到最後一頁的粉絲
致上最深的謝意喔~
首席花旦感動到哭~
微小拉
咪寶
乖乖妮
波波
波波爸

作者
薇小拉
攝影
薇小拉
波波爸
發行人
洪心容
總編輯
黃世勳
主編
陳冠婷
執行監製
賀曉帆
美術編輯
林士民
插畫
王思婷
張家嘉
出版者
展讀文化事業有限公司
台中市西屯區漢口路2段231號2樓
TEL:(04)24521807　FAX:(04)24513175
網址：http://www.flywings.com.tw
E-mail:79989887@lsc.net.tw
印刷廠
郁盛彩色印刷股份有限公司
台中市西屯區大河街82號
TEL:(04)23110345　FAX:(04)23111059
總經銷
紅螞蟻圖書有限公司
台北市內湖區舊宗路2段121巷28號4樓
TEL:(02)27953656　FAX:(02)27954100

初版一刷：西元2006年10月
ISBN-10：986-82157-3-0
ISBN-13：978-986-82157-3-3

定價240元
（缺頁或破損的書，請寄回更換）

郵政劃撥
戶名：展讀文化事業有限公司
帳號：22610936

國家圖書館出版品預行編目資料

薇歐拉大戲院／薇小拉作・攝影：－－初版.－－
臺中市：展讀文化，2006〔民95〕面；公分.－
－（找樂子；1）

ISBN 978-986-82157-3-3（平裝）
1. 貓－通俗作品　2.犬－通俗作品

437.67　　95017396

展讀文化出版集團
www.flywings.com.tw

展讀文化出版集團
www.flywings.com.tw